統計的方法の
考え方を学ぶ

――統計的センスを磨く3つの視点――

永田 靖 著

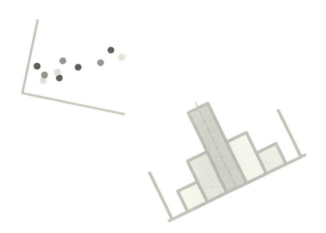

日科技連

まえがき

　最近，統計学がブームになっています．ビッグデータやデータサイエンティストという言葉をテレビや新聞・雑誌などで頻繁に見かけるようになりました．また，『統計学が最強の学問である』(西内啓，ダイヤモンド社)がベストセラーになりました．西内氏の本では，ビッグデータの利用を考える前に，データに対する見方や考え方，そして解析方法の基本を学ぶことの大切さを語っています．これはとても健全だと思います．

　わが国の品質管理の分野では，昔から，統計的方法の教育がしっかりと行われてきました．「三現主義」や「事実による管理」という考え方が根付いています．また，QC七つ道具や新QC七つ道具が普及しています．データにもとづいた品質管理活動をとても重視してきた証です．わが国の産業界では，ずっと昔から統計的方法を技術者の道具として取り入れてきたといえます．

　ただ，そうはいっても，品質管理分野で統計的方法の使い方が完璧かというと決してそうではありません．いろいろな企業の事例を見せてもらっても，何か欠けているように思うことがしばしばあります．統計的方法の教育を受けたなら，とにかく使ってみなければ道具として定着しません．そこで，「報告書をお化粧するためでもよいですよ」というふうに統計的方法の使用を薦める指導方針もあるようです．それも一つの教育のやり方だと思います．でも，本質的に内面から美しくなるために統計的方法を活用するのに越したことはありません．本書では，そういったことを目指したいと思います．

　本書では，さまざまな状況で，次の3点を強調したいと思います．
　① **異常を検討する．**
　② **層別を検討する．**
　③ **平均とばらつきの両方を意識する．**
これらを「**本書の3テーマ**」とよぶことにします．

　異常が見つかれば，問題発見ができます．問題解決能力を高めることが重要だとよくいわれますが，問題発見能力を高めるほうがもっと重要で

す．次に，「分ければわかる」という言葉があります．うまく層別すれば問題解決につながる可能性が高くなります．そして，「平均とばらつきの両方を意識する」については，わかっているつもりでも，平均しか眼中にないことが多いように思います．「本書の3テーマ」に配慮して，統計的方法の考え方をより深く理解し，統計的センスを磨いていただければと思います．

　本書は，『QCサークル』誌（日本科学技術連盟）の2016年1月～6月号に連載した内容に加筆して作成しました．連載時に，『QCサークル』誌の編集委員長の綾野克俊先生（東海大学），編集委員の中條武志先生（中央大学），光藤義郎先生（文化学園大学），編集担当の堀江ゆか氏（日本科学技術連盟）には大変お世話になりました．そして，日科技連出版社の戸羽節文氏と田中延志氏には，本書の出版に当たりご尽力をいただきました．心よりお礼を申し上げます．

2016年7月

永田　靖

目 次

まえがき　*iii*

第1章　不良と異常の違い　*1*
1.1　事例と標準的な解析　*1*
1.2　箱ひげ図のすすめ　*4*
1.3　不良と異常への対処　*7*
1.4　基本統計量　*8*
演習問題1　*10*

第2章　2次元でデータを見ることの効用　*13*
2.1　2次元の計量値データと散布図　*13*
2.2　相関係数　*18*
2.3　散布図と相関係数との関係　*20*
2.4　回帰直線の当てはめ　*24*
演習問題2　*26*

第3章　母集団分布に思いを馳せる　*29*
3.1　母集団分布とは　*29*
3.2　正規分布　*31*
3.3　正規分布のもとでの確率　*32*
3.4　「本書の3テーマ」について　*32*
3.5　正規分布の応用　*37*
3.6　工程能力指数　*41*
コラム1　正規分布表の見方　*44*
演習問題3　*46*

第 4 章　時間的な変化を調べる　47

- 4.1　母集団分布の推測　47
- 4.2　$\overline{X}-R$ 管理図　50
- 4.3　$\overline{X}-R$ 管理図にもとづく母集団分布の推測の演習　54
- 4.4　管理図に関する諸注意　55
- **演習問題 4**　57

第 5 章　推定と検定の考え方　59

- 5.1　推定と検定の目的　59
- 5.2　点推定と区間推定　60
- 5.3　検定　64
- 5.4　2つの母数の比較　71
- コラム 2　t 表の見方　72
- コラム 3　χ^2 表の見方　73
- **演習問題 5**　75

第 6 章　実験計画法の考え方　77

- 6.1　層別の落とし穴　77
- 6.2　実験計画法の必要性　79
- 6.3　事前的な層別　82
- 6.4　一元配置法　83
- 6.5　実験計画法の広がり　88
- コラム 4　F 表の見方　89
- **演習問題 6**　91

演習問題の解答　92
参考文献　95
付　表　97
索　引　104

第 1 章
不良と異常の違い

本書では，さまざまな状況で，次の3点を強調したいと思います．
① **異常を検討する．**
② **層別を検討する．**
③ **平均とばらつきの両方を意識する．**

これらを，「**本書の3テーマ**」とよびます．

第1章では，1つの計量値特性のデータ解析を扱います．**計量値データ**とは，連続的な値として得られるデータです．一方，「不良品か良品か」，「性別」，「天気」などのようなデータは連続的ではないので，**計数値データ**とよびます．

1.1 事例と標準的な解析

本章では，次の例題を中心にしていきます．

例題 1.1　ある部品を2つの製造機AとBで作っています．部品の長さが重要な特性です．**規格値**は SL, $SU = 150.0 \pm 3.0 = 147.0$, 153.0 (mm)です．製造機AとBごとに，それぞれ，ランダムに20個ずつ部品を選んで長さを測定した結果を表1.1に示します．次節での説明の都合上，大きさの順序にデータを並び替えています．

表1.1 データ

No.	A	B	No.	A	B
1	*144.7*	148.9	11	149.2	150.1
2	*145.5*	149.1	12	149.5	150.1
3	*146.7*	149.3	13	149.5	150.3
4	*146.8*	149.4	14	149.6	150.3
5	147.2	149.5	15	150.0	150.6
6	147.3	149.7	16	150.4	150.6
7	147.4	149.7	17	150.9	150.9
8	147.7	149.8	18	151.0	151.3
9	147.8	149.8	19	151.5	152.0
10	148.6	149.9	20	151.6	*154.5*

　表1.1のデータを見ると，製造機Aの部品では4つの下側規格外れの不良が出ており，製造機Bの部品では1つの上側規格外れの不良が出ています．しかし，表1.1だけではそれ以上のことははっきりしません．

　そこで，まず，40個すべてのデータにもとづいて**ヒストグラム**を作成した結果を図1.1(1)に示します．平均が規格の中心あたりにありますが，ばらつきが大きく，上側規格外れと下側規格外れがあります．

　次に，製造機AとBに層別したヒストグラムを図1.1(2)と(3)に示します．製造機Aのヒストグラムでは，ばらつきが大きく，平均が規格の中心より低くなっていて，下側規格外れが発生しています．一方，製造機Bのヒストグラムでは，上側規格外れが生じていますが，もし，これがなければ，ばらつきは小さく，平均が規格の中心付近の状況となります．

　ここまでは，層別の重要性についての定番の解説です．ここで，**不良と異常の違い**について述べたいと思います．不良は，規格外になったデータを意味します．一方，異常は，同じ母集団から得られたとは考えられないデータを意味します．言い換えると，異常なデータとは，データの主要な塊から大きく離れているデータです．このように考えると，製造機Aの規格外れの不良データはデータの主要な塊から大きく離れてはいないので異常とはいえません．つまり，不良だけれど異常ではありません．一方，製造機Bの規格外れの不良データはデータの塊から離れているので異常

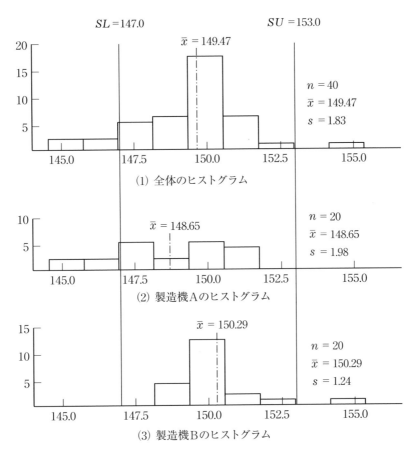

図1.1 表1.1のデータにもとづくヒストグラム

といえそうです．不良であり，異常の可能性があります．ただ，大きく離れているかというとちょっと微妙です．さらに，上のデータセットにはありませんが，規格内に入っているデータでも，データの主要な塊から大きく離れていたら異常と考える場合があります．不良でなくても異常の場合もあるということです．

以上の内容を**表 1.2** にまとめておきましょう．①は「異常も不良もない場合」，②は「不良はないが異常がある場合」，③は「不良があるが異常はない場合」，④は「不良であり同時に異常がある場合」を表しています．

表 1.2 異常と不良の違い

	異常なし	異常あり
不良なし	①	②
不良あり	③	④

不良と異常の違いにこだわるのはなぜでしょうか．それは，不良と異常では，発見方法が異なるし，それらへの対策方法も異なるからです．

不良の発見方法は規格を外れるかどうかです．簡単です．一方，異常を発見するためにはどうすればよいでしょうか．また，製造機 B で規格外れとなっているデータは異常なのでしょうか？

異常の発見方法はいろいろあります．次節では，その一つとして箱ひげ図を紹介します．

1.2　箱ひげ図のすすめ

箱ひげ図(box-whisker plot)はとても有用です．さまざまな場面で目にするようになりましたが，品質管理分野での使用例はまだ少ないように感じます．標準的なテキストにあまり記載されていないからだと思います．そこで，箱ひげ図の具体的な作成手順を述べたいと思います．表 1.1 の製造機 A のデータ ($n=20$) にもとづいて例示します．

■**箱ひげ図の作成手順**(表1.1の製造機Aのデータにもとづいて説明)

手順1：メディアン(中央値)Meを求めます．サンプルサイズは$n = 20$と偶数ですから，Meは，データを小さい順から並べて10番目と11番目の平均です．表1.1のAの欄より，

$$Me = (148.6 + 149.2)/2 = 148.90$$

となります．

手順2：**第1四分位数**$X_{0.25}$と**第3四分位数**$X_{0.75}$を求めます．これらは，データを小さい順から並べて，それぞれ，25%，75%のところに該当するデータの値です．$n = 20$なので，25%のところは，表1.1のAの欄においてNo.5とNo.6の平均

$$X_{0.25} = (147.2 + 147.3)/2 = 147.25$$

となります．同様に，75%のところはNo.15とNo.16の平均なので

$$X_{0.75} = (150.0 + 150.4)/2 = 150.20$$

となります．ちなみに，**第2四分位数**はメディアンMeです．

手順3：図1.2に示すように，$X_{0.25}$，Me，$X_{0.75}$の値を横軸にとって箱を作ります．箱の縦の長さは適当でよいです．

手順4：四分位差dを次のように求めます．

$$d = X_{0.75} - X_{0.25} = 150.20 - 147.25 = 2.95$$

手順5：四分位差dを1.5倍した値$1.5d = 1.5 \times 2.95 = 4.43$を求めます．これにもとづき，$X_L$と$X_U$の値を計算します．

$$X_L = X_{0.25} - 1.5d = 147.25 - 4.43 = 142.82$$
$$X_U = X_{0.75} + 1.5d = 150.20 + 4.43 = 154.63$$

手順6：手順5で求めたX_Lを下回るデータがあれば，そのデータの値を×印でプロットします．また，X_Uを上回るデータがあれば，そのデータの値を×印でプロットします．×印は**外れ値(異常値)**を意味します．表1.1のAのデータには，手順5で求めた$X_L = 142.82$を下回るデータはなく，$X_U = 154.63$を上回るデータもないので，×印のプロットはありません．

手順7：下側に外れ値がある場合にはそれを除外したデータの中での

最小値を，下側に外れ値がない場合にはもとのデータ全体での最小値を，ひげの最小値とします．同様に，上側に外れ値がある場合にはそれを除外したデータの中での最大値を，上側に外れ値がない場合にはもとのデータ全体での最大値を，ひげの最大値とします．手順6より，表1.1のデータには下側にも上側にも外れ値がないので，データの最小値144.7をひげの最小値とし，データの最大値151.6をひげの最大値とします．これらの内容を図1.2の上に示します．

手順8：ヒストグラムの場合と同様に，規格値を表す線を記入し，サンプルサイズn，平均$\bar{x}$，標準偏差sを付記します．平均や標準偏差の求め方は1.4節で述べます．

なお，図1.2では，横向けに箱ひげ図を描いていますが，縦向けに描いてもかまいません．時間的な変化を見るときには，管理図のように，横軸を時間とし，縦向けに描いた箱ひげ図を横に並べていくとよいです．

製造機Bのデータに対しても同様な手順で作成した箱ひげ図を図1.2の下に示します．製造機Bの場合には，手順6と同様に計算した$X_U = 152.10$よりも大きなデータ154.5が存在するので，それを×印でプロットしています．このデータは異常値だと判断できます．そして，このデータを除外した中で最大値となる152.0まで上側のひげを伸ばしています．下側には外れ値がないので，データの最小値148.9までひげを伸ばしています．

箱ひげ図を用いると，箱の中でのメディアンの位置や，左右のひげの長さなどにより，データの分布のおおまかな形状を把握できます．そして，異常値の有無も判定できます．また，ヒストグラムを複数並べるには大きなスペースが必要ですが，箱ひげ図を複数並べてもスペースは少なくてすみます．すなわち，多数の層別されたデータの特徴をコンパクトに比較できます．

一方，サンプルサイズが十分大きい場合には，別途，ヒストグラムを描いて，分布の特徴をていねいに考察することも大切です．箱ひげ図の作成

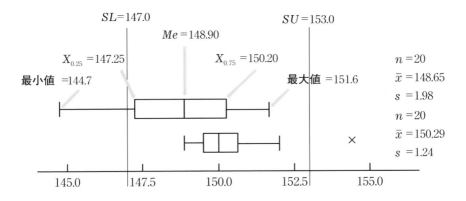

図 1.2　箱ひげ図（上：製造機 A，下：製造機 B）

では，データ全体から，メディアン，第 1 四分位数，第 3 四分位数，最大値，最小値という特徴量だけを抽出しているので，データのすべての情報を使っているわけではありません．例えば，二山型かどうかは箱ひげ図からはわかりません．また，二種類のデータから同じ箱ひげ図が得られても，ヒストグラムの形状が異なる場合があります．

　上に述べた作成手順のほかにも箱ひげ図の作成方法はいくつかあります．例えば，×印を用いないで，データの最小値と最大値までひげを伸ばすという描き方もあります．しかし，これでは異常値を発見しにくくなります．また，箱ひげ図の作成手順の手順 5 に加えて，$X_{LL} = X_{0.25} - 3.0d$ と $X_{UU} = X_{0.75} + 3.0d$ を計算し，これらを超えるデータが存在したら，それを極度な外れ値（極度な異常値）と判定することもあります．さらに，平均値を＋印で箱の中に追記することもあります．データの分布が非対称になると平均値とメディアンは乖離しますから，平均値を書き込み，非対称の度合いを見ることができます．

1.3　不良と異常への対処

　不良への対処については，まず，顕在化している不良を取り除くか手直しをします．**応急処置**です．次に，問題解決のストーリーに沿って，**未然防止・再発防止**の活動を行います．製造機 A に対しては，平均を規格の

中心に移動させ，ばらつきを小さくするという方向で活動することになります．実際には，そのような活動は簡単ではないかもしれません．特に，ばらつきを減らすという活動では，ばらつきを生じさせているさまざまな要因を分析し，それらのばらつきへの影響度合いを評価して，対策をとらなければなりません．

　一方，異常への対処は，不良への対処とは異なるものです．異常とはいつもの状態と異なることです．不良への応急処置とともに，速やかに異常への対処を行う必要があります．異常と考えられる，製造機Bの箱ひげ図の×印のデータの発生原因を分析しなければなりません．「測定ミス」，「記入ミス」かもしれません．そうだとしたら，このデータを削除して終わりにしてよいでしょうか．「測定ミス」，「記入ミス」が生じるようなデータ収集システムなのですから，他のデータの信頼性も下がります．そのような信頼性の低いデータから問題解決活動をしていくのは不安です．「測定ミス」，「記入ミス」が生じないようなデータ収集システムへの改善が先決になります．

1.4　基本統計量

　統計的方法はデータ（数字）を処理する方法なので，いろいろな計算式が登場します．計算式を使わなくても，グラフや図を用いてさまざまな分析が可能です．本書でも，グラフや図を多用しながら解説していきたいと思います．しかし，いくつかの基本的な計算式を使用しなければならない場面があります．そうしないと，定量的な分析ができないからです．グラフや図による分析は直感に訴えるのでわかりやすいですが，定性的な内容になります．本書で使用する主要な計算式を本節で述べておきます．本書において今後登場する計算式は，下記の計算式と同じであるか，わずかに発展したものだけです．

　データから計算される量を**統計量**とよびます．ここでは，基本的な統計量として，**平均**，**平方和**，**分散**，**標準偏差**，**範囲**の計算式を示します．よくご存知の方も多いでしょうけれども，記号の確認のつもりで見ておいてください．

■基本統計量

n 個の計量値データを $x_1, x_2, \cdots, x_n$ と表します．次のように**基本統計量**を計算します．

平均：$\overline{x} = \dfrac{x_1 + x_2 + \cdots + x_n}{n}$　（$\overline{x}$ はエックスバーと読みます）

平方和：$S = (x_1 - \overline{x})^2 + (x_2 - \overline{x})^2 + \cdots + (x_n - \overline{x})^2$

$\qquad\quad = x_1^2 + x_2^2 + \cdots + x_n^2 - \dfrac{(x_1 + x_2 + \cdots + x_n)^2}{n}$

分散：$V = \dfrac{S}{n-1}$

標準偏差：$s = \sqrt{V}$

範囲：$R = (最大値) - (最小値)$

簡単な数値例で統計量の計算を確認しましょう．

例題 1.2　次のデータより $\overline{x}, S, V, s, R$ を求めましょう．

データ：2, 3, 5, 8

$\overline{x} = \dfrac{2 + 3 + 5 + 8}{4} = \dfrac{18}{4} = 4.5$

$S = 2^2 + 3^2 + 5^2 + 8^2 - \dfrac{(2+3+5+8)^2}{4} = 102 - \dfrac{18^2}{4} = 102 - 81 = 21$

$V = \dfrac{21}{4-1} = 7$

$s = \sqrt{7} = 2.65$

$R = 8 - 2 = 6$

厳密には，平方和 S を**偏差平方和**とよびます．**偏差**とは，各データと平均との差 $(x_i - \overline{x})(i = 1, 2, \cdots, n)$ です．$x_1^2 + x_2^2 + \cdots + x_n^2$ は，**2乗和**とよばれて，平方和 S とは区別されます．サンプルサイズ n が大きくなると平方和 S はどんどん大きくなるので，平方和 S を $n-1$ で割っ

て平均化したものが分散 V です．平方和 S をサンプルサイズ n で割るという流儀もありますが，品質管理の統計的手法では $n-1$ で割るほうが主流です．

$n-1$ を**自由度**とよびます．$n-1$ をなぜ自由度とよぶのかについては次のように説明しておきましょう．x_1, x_2, $\cdots$, x_n は独立した情報なので，平均の場合には n で割ります．平均を $n-1$ で割るという流儀はありません．一方，平方和 S を構成する偏差を 2 乗しないでそのまま加えると次のようになります．

$$(x_1-\overline{x})+(x_2-\overline{x})+\cdots+(x_n-\overline{x})=x_1+x_2+\cdots+x_n-n\overline{x}=0$$

平均を求める式より，上式の 2 番目の等号が成り立ちます．すべての偏差の和は 0 になるという関係式が成り立つので，平方和 S を構成する n 個の偏差の情報から上の関係式の情報一つ分だけが減って $n-1$ 個の情報になると考えます．だから，自由度は $n-1$ です．

ちょっとわかりにくいかもしれませんね．次のような説明だとどうでしょう．1 本のロールケーキを $n=4$ 人に分けるとき，ナイフを何回入れればよいか考えてください．自由にナイフを入れることができるのは何回かです．$n-1=4-1=3$ 回となりますね．自由度とはこんな感じです．

平均はデータと同じ単位をもちます．一方，平方和や分散はデータの単位の 2 乗の単位をもちます．例えば，データの単位が mm のとき，平均の単位は mm ですが，平方和や分散の単位は mm² です．そこで，分散の単位をデータと同じ単位に戻すため，分散の平方根をとって標準偏差としています．

演習問題 1

以下の文章で，正しいものには〇，間違っているものには×をつけてください．

① 異常とは，規格外れと同じである．[　　　]
② 不良と異常は必ずしも同じではない．[　　　]
③ 100 個のデータがあるとき，メディアン Me は，データを小さ

い順に並べたとき，50番目のデータの値である．[　　　]
④　メディアンと平均は，いつも同じ値になる．[　　　]
⑤　箱ひげ図の箱の中に収まるデータは，全体のおおむね80%である．[　　　]
⑥　箱ひげ図でひげから外れたところに×印のプロットがある場合，その値は異常値と考えるべきである．[　　　]
⑦　箱ひげ図の箱が長く，ひげも長い場合は，ばらつきが大きいことを意味する．[　　　]
⑧　2つの箱ひげ図の形状が同じなら，対応するヒストグラムの形状も同じになる．[　　　]
⑨　平均と分散は同じ単位をもつ．[　　　]
⑩　偏差をすべて加えると0になる．[　　　]

第 2 章
2次元でデータを見ることの効用

「**本書の3テーマ**」は次のとおりでした．
① 異常を検討する．
② 層別を検討する．
③ 平均とばらつきの両方を意識する．

第2章では，2つの計量値特性の解析とその考え方について述べます．

2.1 2次元の計量値データと散布図

2つの計量値特性が対になっている表2.1のデータ形式を考えます．このようなデータがあるときには，**散布図**を描いて2つの特性の関連を考察することが基本です．散布図を描くとき，2つの特性が原因・結果の関係にある場合には，原因を横軸にとります．それがはっきりしない場合には，時間的に先行しているほうを横軸にとります．それ以外なら，どちらを横軸にとってもかまいません．また，**相関係数**を計算して，相関の程度を考察します．

さまざまな企業で改善事例を見せてもらうと，ヒストグラムや折れ線グラフは多く見られますが，散布図にはなかなかお目にかかれません．散布図を描くためには，2つの特性が対になっている必要があります．そのようなデータの整備は必ずしも容易ではないようです．

本章では，散布図を描くことがいかに有用かを述べます．次に，相関係

表 2.1　2 次元の計量値データ

No.	x	y
1	x_1	y_1
2	x_2	y_2
$\vdots$	$\vdots$	$\vdots$
n	x_n	y_n

数を正しく解釈するための注意を述べます．例えば，「相関係数が大きいほど，2つの特性値の関連が強い」とシンプルに思われていませんか？実は，このような理解は正確ではありません．

例題 2.1　表 2.2 に 10 人の生徒の数学と理科のテストの得点を示します．これにもとづき，散布図を作成すると，**図 2.1** のようになります．

表 2.2　生徒の数学と理科のテストの得点

No.	数学	理科	性別
1	90	85	男子
2	90	40	男子
3	65	55	女子
4	75	65	女子
5	55	50	男子
6	75	85	女子
7	60	45	男子
8	70	75	男子
9	80	90	女子
10	95	100	女子

まず，表 2.2 の場合，**サンプルサイズ**がいくらであるかに注意しましょう．数値の個数は数学が 10 個，理科が 10 個，合わせて 20 個ですが，サンプルサイズは $n = 10$ と考えます．サンプルサイズは，数値の個数ではなく，生徒の人数です．すなわち，散布図にプロットされた点の個数です．

図 2.1 を見ると，数学の点数が上がると，理科の点数が直線的に上昇しています．つまり，数学と理科には正の相関がありそうです．しかし，図 2.1 の右下の (90, 40) という点はなんだか変です．データの主要な塊から外れているように見えます．数学がよくできるのに，理科が最低点です．このようなことがあるでしょうか．**異常値**と考えられます．原因を追究する

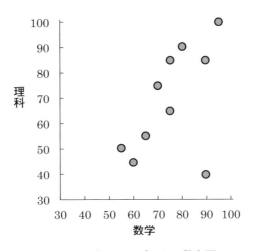

図 2.1　表 2.2 のデータの散布図

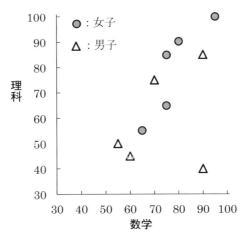

図 2.2　表 2.2 のデータの層別散布図

必要があります．

表 2.2 には，性別が記載されています．そこで，性別で**層別**した散布図を**図 2.2** に示します．異常値を除くと，相関は男女で同様な傾向のようです．

層別は，このほかにもいろいろな方向で考えることができます．例えば，「4〜9月生まれと 10〜3月生まれ」とか，「通学時間が 15 分未満とそれ以上」とか，「塾に通っているかそうでないか」とか，「運動クラブに入っているか入っていないか」などが考えられます．検討してみたい要因があれば，そういう情報を調査して層別してみることが有益です．

以下では，説明のポイントを明確にするために，各データをプロットした散布図の代わりに，**図 2.3** や**図 2.4** に示したイメージ図を使用していきます．

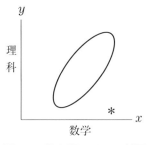
図 2.3　散布図のイメージ図

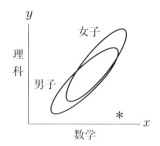
図 2.4　層別散布図のイメージ図

ここで，「本書の 3 テーマ」の一つの異常値について述べておきましょう．

図 2.5 に，4 つのパターンの散布図を掲載します．散布図の横軸の下には x のデータだけで作成した箱ひげ図を，縦軸の左には y だけのデータで作成した箱ひげ図を付記しています．

図 2.5 の各散布図から異常値に関して次のように考察できます．

(1) では，x のデータでも，y のデータでも異常値はなく，散布図にも異常値は見当たりません．

(2) では，x のデータだけに異常値があり，散布図でもその異常値が認

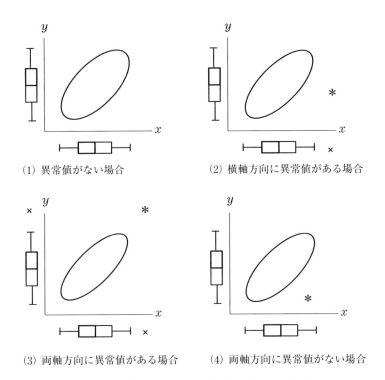

図 2.5　散布図に見る異常値の存在パターン

識できます.

(3) では, x のデータでも, y のデータでも異常値があり, 散布図でもそれが認識できます.

(4) では, x のデータでも, y のデータでも異常値はありませんが, 散布図では異常値が存在します. (4) は**図 2.3** と同様なパターンです.

図 2.5 の各散布図を見比べて強調したいのは, (4) におけるように, 1次元では見えないことが散布図では見えるということです. 散布図は, 大所高所に立ってものを見るための道具です.

2.2 相関係数

本節では，相関係数の計算方法を示します．

■相関係数 r の計算方法

n 組のデータ $(x_1, y_1), (x_2, y_2), \cdots, (x_n, y_n)$ にもとづき，相関係数 r を次のように計算します．

$$\overline{x} = \frac{x_1 + x_2 + \cdots + x_n}{n}, \quad \overline{y} = \frac{y_1 + y_2 + \cdots + y_n}{n}$$

$$S_{xx} = (x_1 - \overline{x})^2 + (x_2 - \overline{x})^2 + \cdots + (x_n - \overline{x})^2$$

$$= x_1^2 + x_2^2 + \cdots + x_n^2 - \frac{(x_1 + x_2 + \cdots + x_n)^2}{n}$$

$$S_{yy} = (y_1 - \overline{y})^2 + (y_2 - \overline{y})^2 + \cdots + (y_n - \overline{y})^2$$

$$= y_1^2 + y_2^2 + \cdots + y_n^2 - \frac{(y_1 + y_2 + \cdots + y_n)^2}{n}$$

$$S_{xy} = (x_1 - \overline{x})(y_1 - \overline{y}) + (x_2 - \overline{x})(y_2 - \overline{y}) + \cdots + (x_n - \overline{x})(y_n - \overline{y})$$

$$= x_1 y_1 + x_2 y_2 + \cdots + x_n y_n - \frac{(x_1 + x_2 + \cdots + x_n)(y_1 + y_2 + \cdots + y_n)}{n}$$

相関係数：$r = \dfrac{S_{xy}}{\sqrt{S_{xx} S_{yy}}}$

第1章では，平均，平方和，分散，標準偏差の計算式を示しました．第1章では平方和の記号として S を用いましたが，ここでは，x の平方和であることを明記するために S_{xx}，y の平方和であることを明記するために S_{yy} と記載しています．S_{xx} の添え字においてどうして x を2つ並べているのかというと，今回新たに S_{xy} を導入するからです．S_{xy} の右辺の x を y に置き換えると S_{yy} の右辺に一致します．また，S_{xy} の右辺の y を x に置き換えると S_{xx} の右辺に一致します．

平方和 S_{xx} や S_{yy} を，厳密には，**偏差平方和**とよびます．そして，S_{xy}

を **偏差積和** とよびます．単純に **積和** というと $x_1y_1 + x_2y_2 + \cdots + x_ny_n$ になるので注意してください．

S_{xy} は x と y がともにどの程度変動するのかを表す指標です．S_{xy} を $n-1$ で割った量を **共分散** とよびます(n で割る流儀もあります)．

例題 2.2 (1) 例題 2.1 の表 2.2 の全データ($n = 10$)にもとづき，相関係数を計算してみましょう．

$$S_{xx} = 90^2 + 90^2 + \cdots + 95^2 - \frac{(90+90+\cdots+95)^2}{10}$$

$$= 58625 - \frac{755^2}{10} = 1622.5$$

$$S_{yy} = 85^2 + 40^2 + \cdots + 100^2 - \frac{(85+40+\cdots+100)^2}{10}$$

$$= 51550 - \frac{690^2}{10} = 3940.0$$

$$S_{xy} = 90 \times 85 + 90 \times 40 + \cdots + 95 \times 100$$

$$- \frac{(90+90+\cdots+95)(85+40+\cdots+100)}{10}$$

$$= 53475 - \frac{755 \times 690}{10} = 1380.0$$

$$r = \frac{1380.0}{\sqrt{1622.5 \times 3940.0}} = 0.546$$

(2) 次に，異常値らしき No.2 のデータを外して $n = 9$ のデータにもとづいて相関係数を計算すると，$r = 0.904$ となります．(1)で求めた値と比べてかなり変化しています．相関係数は異常値の影響を大きく受けることがわかります．

(3) 男子(No.2 も含めて $n = 5$)と女子($n = 5$)に層別して相関係数を計算すると，男子の場合は $r = 0.319$, 女子の場合は $r = 0.882$ となります．男子において No.2 のデータを外して $n = 4$ のデータにもとづいて相関係数を計算すると $r = 0.913$ となり，女子の

場合の相関係数の値に近くなります．

相関係数 r は $-1 \leq r \leq 1$ を満たします．相関係数がプラスだと**正の相関**があるといい，相関係数がマイナスだと**負の相関**があるといい，相関係数がゼロに近いと**無相関**といいます．プラスといっても，0.1 程度だと相関があるとはいえません．はっきりとした基準はありませんが，0.4 くらいより大きいと正の相関がある，0.8 くらいより大きいと正の相関が強いといった感じでしょうか．負の相関についても同様に，-0.4 くらいより小さいと負の相関がある，-0.8 くらいより小さいと負の相関が強いとみなします．一方，$-0.2 \leq r \leq 0.2$ だと，相関は弱い，無相関に近いとみなします．

$y = ax + b$ (a と b は定数) という直線関係があるとき，$a > 0$ なら $r = 1$，$a < 0$ なら $r = -1$ となります．また，散布図が水平な楕円または円のような形状のときには相関係数はほぼゼロになります．これらのイメージ図を**図 2.6** に示します．

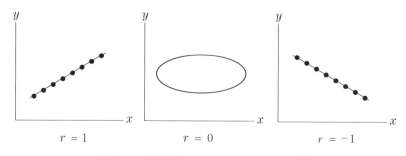

図 2.6　相関係数が $r = 1$，0，-1 の状況

2.3　散布図と相関係数との関係

いくつかの典型的なパターンの散布図を示して，相関係数との関係を検討しましょう．

(1)　**異常値がある場合**

異常値の影響については，すでに例題 2.1 や例題 2.2 でも述べましたが，いくつかのパターンのイメージ図を**図 2.7** に示して再度確認しておきま

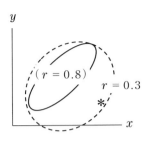 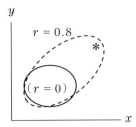 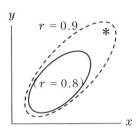

(1) 異常値が相関を弱める　(2) 異常値が相関を生じさせる　(3) 異常値が相関を強める

図 2.7　相関係数への異常値の影響

しょう．

図 2.7 において，かっこ書きの相関係数は異常値を取り除いたデータにもとづくものです．一方，カッコ書きでない相関係数は異常値を含めた全体のデータにもとづくものです．異常値を含めることで，全体のデータが点線のように分布しているといった感じで相関係数が計算されます．

(2)　層別できる場合

層別による影響について，図 2.8 に典型的な 3 つのパターンを示します．かっこ書きの相関係数は層別した後の各層のデータにもとづく値です．かっこ書きでない相関係数は全体のデータから求めた値です．

(1) では，層別により各層で強い正の相関が見い出されています．(2) では，層別により相関が消えてしまいます．(3) では，層別により，片方の層では強い正の相関，他方の層では強い負の相関が見い出されています．

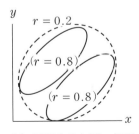 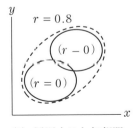 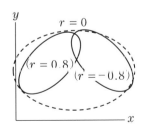

(1) 層別すると正の相関　(2) 層別すると無相関　(3) 層別すると異なる相関

図 2.8　層別したときの相関係数

層別できるときには,層別した相関関係を中心に考察することが大切です.

(3) 操業時のデータには相関がない!?

技術的にまたは理論的には x と y に正の相関があるのに,操業している現場のデータにもとづき x と y の相関係数を計算するとゼロに近い値になることがあります.それは,図 2.9 のような状況によるものです.全体で見ると強い正の相関があります.しかし,操業時には,横軸において矢印で示された範囲内に x を制御しているため,得られるデータはハッチングした部分に限られます.したがって,これらのデータから計算した相関係数は小さな値になってしまいます.

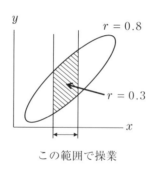

図 2.9　全体の散布図と操業時のデータの範囲

(4) 不良データにもとづいて解析したら逆の相関になった

x と y には正の強い相関があることが知られているのに,不良品だけを集めて x と y の相関係数を求めたらマイナスの値となることがあります.このとき,大きな発見をしたような気になってしまうかもしれませんが,それは正しいでしょうか.

このようなことが生じる例を図 2.10 に示します.$x + y \geq a$ であれば不良と判定する状況です.図 2.10 でハッチングした部分のデータだけを集めてくると,確かに x と y には負の相関が認められます.しかし,この負の相関関係は不良品の特徴ではありません.データの集め方による偏りです.不良品だけを考察しても不良の理由はわかりません.正常品と比較

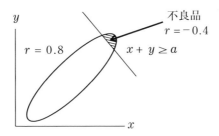

図 2.10　不良品だけのデータにもとづくとマイナスの相関が生じる場合

して，どこが異なるのかを観察しなければなりません．

(5) 関連があるのに相関係数がゼロになることがある

x と y に $y = x^2$ の関係があるとします．$x = -2, -1, 0, 1, 2$ に対応するデータを表 2.3 に示します．また，散布図を図 2.11 に示します．表 2.3 のデータより相関係数を計算してみます．

$$S_{xy} = (-2) \times 4 + (-1) \times 1 + 0 \times 0 + 1 \times 1 + 2 \times 4$$

$$- \frac{(-2-1+0+1+2)(4+1+0+1+4)}{5}$$

$$= 0 - \frac{0 \times 10}{5} = 0$$

となるので，S_{xx} や S_{yy} を計算するまでもなく，相関係数は $r = 0$ となります．これは，相関係数が必ずしも x と y の関連性の強さを表す指標というわけではないことを意味します．相関係数は直線性の関連の強さを表す指標なのです．

表 2.3　$y = x^2$ の関係のデータ

No.	x	y
1	-2	4
2	-1	1
3	0	0
4	1	1
5	2	4

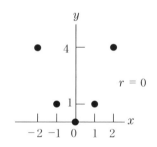

図 2.11　表 2.3 のデータの散布図

いろいろなパターンと注意点を述べました．「なんだか面倒そうだ」と思われたかもしれません．でも，注意点はただ一つ，「相関係数の値だけを見ていてはいけない．散布図も合わせて考察しなければならない」ということです．

2.4　回帰直線の当てはめ

散布図を描いて直線的な傾向が確認できたら，その散布図に直線を当てはめたくなります．この直線を**回帰直線**とよびます．回帰直線は次のようにして求めることができます．下記の計算式に登場する統計量は，**2.2 節**で述べた相関係数の計算の際に求めたものです．

■回帰直線の計算方法

n 組のデータ (x_1, y_1)，(x_2, y_2)，$\cdots$，(x_n, y_n) にもとづき，回帰直線 $y = ax + b$ の傾きと切片を次のように計算します．

$$\text{傾き}: a = \frac{S_{xy}}{S_{xx}}$$

$$\text{切片}: b = \bar{y} - a\bar{x}$$

例題 2.3　例題 2.1 の表 2.2 のデータにもとづいて，回帰直線を求めてみましょう．

例題 2.2 で計算した結果より，傾きは

$$a = \frac{S_{xy}}{S_{xx}} = \frac{1380.0}{1622.5} = 0.851$$

となります．また，平均は

$$\bar{x} = \frac{755}{10} = 75.5$$

$$\bar{y} = \frac{690}{10} = 69.0$$

となるので，切片は

$$b = \bar{y} - a\bar{x} = 69.0 - 0.851 \times 75.5 = 4.75$$

と求まります．すなわち，回帰直線は

$$y = 0.851x + 4.75$$

と計算できます．

次に，表 2.2 の異常値らしき No.2 のデータを外して $n = 9$ のデータにもとづいて上記と同様に計算すると，回帰直線は

$$y = 1.33x - 26.1$$

となります．

求めた 2 本の回帰直線を図 2.1 に書き込むと図 2.12 になります．すべてのデータで計算した回帰直線 $y = 0.851x + 4.75$ は No.2 のデータに引っ張られて，$n = 9$ のデータから計算した回帰直線 $y = 1.33x - 26.1$ より傾きが小さくなっています．相関係数と同様，回帰直線も異常値の影響を強く受けます．

なお，相関係数の 2 乗 r^2 を**寄与率**とよびます．上で求めた 2 本の回帰直線の寄与率は，例題 2.2 の結果より，それぞれ次のようになります．

- 回帰直線 $y = 0.851x + 4.75$ の寄与率：$r^2 = 0.546^2 = 0.298$
- 回帰直線 $y = 1.33x - 26.1$ の寄与率：$r^2 = 0.904^2 = 0.817$

寄与率は，「回帰直線がどれくらい役に立つか」という指標です．横軸 x の値を指定したとき，その値を回帰直線の式に代入すると縦軸 y の値が得られます．これを**予測値**とよびます．精度良く予測できるとき，その回帰直線は「役に立つ」と考えることができます．寄与率は，回帰直線が役に立つかどうかを 100 点満点で採点したような感じです．上記の例では，

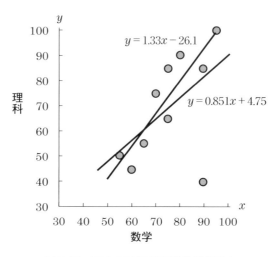

図 2.12　図 2.1 に回帰直線を書き込む

約 30 点と約 82 点という採点結果と解釈できます．

　図 2.6 に示した 3 つの状況で回帰直線を求めたとき，それぞれの寄与率は，左の図から 1.00，0，1.00 となります．すなわち，100 点，0 点，100 点という採点結果になります．左図と右図ではすべての点が直線上にのっているので，誤差がない状況です．

　ところで，「予測」という言葉は統計学の専門用語です．一方，「予想」という言葉は統計学の専門用語ではありません．「予想」はいかにもあやしい感じの言葉です．だって，「よそう」ですから（うしろから声を出して読んでみてください）．

演習問題 2

　以下の文章で，正しいものには〇，間違っているものには×をつけてください．

① 　散布図で異常なデータは，x と y の少なくともどちらかの変数においても異常である．[　　]

② 片方の変数で異常なデータは，散布図でも異常である．
　　[　　]
③ 異常値があるとき，それを取り除くと相関係数は必ず大きくなる．[　　]
④ 層別した各層の散布図で相関がない場合には，全体の散布図でも相関がない．[　　]
⑤ 全体の散布図で相関があるときには，層別した各層のいずれかの散布図で相関がある．[　　]
⑥ 偏差積和はマイナスの値になることもある．[　　]
⑦ x と y に $y = -3x + 2$ という関係があるときには，x と y の相関係数は1になる．[　　]
⑧ 相関係数の値が0に近いほど，相関が強い．[　　]
⑨ 操業中のデータの相関は，2つの特性間の本来の相関よりも弱くなることがある．[　　]
⑩ 不良品のデータは，それだけで解析するのではなく，正常品と比較して解析すべきである．[　　]

第 3 章

母集団分布に思いを馳せる

「**本書の 3 テーマ**」は次のとおりでした．
① 異常を検討する．
② 層別を検討する．
③ 平均とばらつきの両方を意識する．

第 3 章では，データを採取するおおもとの**母集団**について述べます．特に，**母集団分布**としてよく想定される**正規分布**について解説します．

3.1 母集団分布とは

データを採取するおおもとの集団を**母集団**とよびます．

次に，母集団においてデータがどのようにばらついているか，すなわち，どういう値を中心として，どれくらいの範囲でばらついているのか表したものを**母集団分布**とよびます．

ここで，母集団分布をイメージするために，**図 3.1** を見てください．これは，ある部品の長さに関するデータだと考えてください．

一番上の (1) は $n = 50$ 個のデータから作成したヒストグラムです．中央の (2) は $n = 200$ 個のデータから作成したヒストグラムです．(2) のヒストグラムのほうが柱の本数が多いのは，標準的なヒストグラムの作成方法によるものです．一般に，「ヒストグラムの柱の本数はサンプルサイズの平方根くらいにするのがよい」と解説されています．したがって，(1)

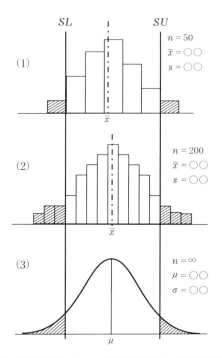

出典) 永田靖:『品質管理のための統計手法』(日本経済新聞社,2006年)
図 3.1 ヒストグラムと確率分布

の場合には$\sqrt{n}=\sqrt{50}\approx 7$本の柱があり,また,(2)の場合には$\sqrt{n}=\sqrt{200}\approx 15$本の柱があります.

　もっとたくさんのデータを採取したらヒストグラムはどのような形になるでしょうか.柱の本数が増えて,ヒストグラムの輪郭のギザギザが細かくなっていきます.実際には不可能ですが,無限個のデータを採取してヒストグラムを作成することをイメージすると,**図 3.1**(3)のように,ヒストグラムの輪郭は滑らかな曲線になると考えられます.無限個のデータを採取すれば,母集団のすべてを調べられますから,(3)の図が母集団におけるデータのばらつき具合,すなわち,母集団分布を表していることになります.

　ヒストグラムを作成するときには,通常,縦軸は度数(データの個数)をとります.しかし,ここでは,縦軸の目盛を調整して,ヒストグラムのす

べての柱の面積の和が1になるようにします．縦軸の目盛を「度数÷(n×区間幅)」と調整すればそのようにできます．すると，ヒストグラムの各柱の面積は**相対度数**(=度数/n：その区間にデータが入った比率)を表すことになります．このような視点で図3.1(1)を眺めると，ハッチングのかかっている部分は規格外れの比率，すなわち，観測された不良率を表します．(2)においても同様です．(3)の場合はどうでしょうか．ハッチングの部分は母集団における規格外れの比率ですが，これを**確率**とよび直して，**(母)不良率**を表していると考えます．

図3.1(3)に示した母集団分布を**確率分布**ともよびます．上に述べたように，確率分布において，不良率などのような**確率**は"**面積**"であることを記憶してください．

3.2 正規分布

計量値データの母集団分布，すなわち，確率分布は，データの性質にもとづき，いろいろな種類が考えられています．図3.1(3)では左右対称のベル型の確率分布を示しましたが，左右非対称な分布(歪んだ分布)や，スキーのジャンプ台のような山のない形状の分布など，いろいろあります．ここでは，それらのなかで特に重要な正規分布を取り上げます．

正規分布は図3.1(3)に示したような左右対称のベル型の形状をした確率分布です．改めて図3.2にその形状と特徴を記載します．また，正規分布について知っておくべき特徴を列挙しておきます．

① 左右対称の中心をμ(ミューと読みます)と表し，これを**母平均**とよびます．

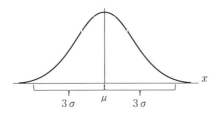

図 3.2　正規分布 $N(\mu, \sigma^2)$

② ばらつきの尺度を σ（シグマと読みます）と表し，これを**母標準偏差**とよびます．また，母標準偏差 σ の2乗 σ^2 を**母分散**とよびます．

③ 確率分布を表す曲線は $\mu \pm 3\sigma$ のところで横軸にほぼ着地するように見えます．しかし，それ以降も実際には着地しておらず，$\pm \infty$ まで着地しません．

④ 母平均 μ，母分散 σ^2 の正規分布を $N(\mu, \sigma^2)$ と表します．正規分布は Normal Distribution というので，その頭文字の N を用いています．母平均と（母標準偏差ではなく）母分散を表示することに注意してください．

⑤ $\mu = 0$，$\sigma = 1$ の正規分布，すなわち，$N(0, 1^2)$ を**標準正規分布**とよびます．

3.3 正規分布のもとでの確率

図 3.2 からもわかるように，正規分布 $N(\mu, \sigma^2)$ において，$\mu \pm 3\sigma$ を外れる部分にはわずかな確率(＝面積)が残っていました．この確率は $0.0013 \times 2 = 0.0026$ となります．約 0.3% なので，$\mu \pm 3\sigma$ を外れる確率が 0.3% であることを**千三つの法則**(データ 1000 個あたり 3 つがこの範囲から外れるという意味です)とか**3シグマルール**とよびます．参考のため，$\mu \pm 2\sigma$ を外れる確率，$\mu \pm \sigma$ を外れる確率を含めて**図 3.3** に図示しておきます．全体の確率(＝面積)が 1 になること，左右対称であることを再度確認してください．

3.4 「本書の3テーマ」について

正規分布にもとづいて「本書の3テーマ」を確認しておきましょう．

まず，その前に，**図 3.1** と**図 3.2** を再度見比べて，ヒストグラムは母集団分布の様子を推し量るために作成していることを確認してください．ヒストグラムを作成するのは，いま手元にある n 個のデータにもとづくヒストグラムの形状自体に興味があるのではなく，ヒストグラムの形状を通して母集団分布の形状に思いを馳せるためです．この「推し量る」，「思い

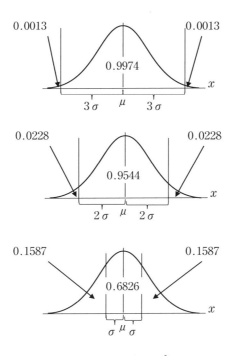

図 3.3　正規分布 $N(\mu, \sigma^2)$ の確率

を馳せる」という行為を，統計学では「**推測する**」といいます．データにもとづいて**(標本)平均** $\bar{x}$，**(標本)標準偏差** s，**(標本)分散** V を計算するのは，それぞれ，母平均 μ，母標準偏差 σ，母分散 σ^2 を推測するためです．図 3.1(1) と (2) でヒストグラムにハッチングをして(観測された)不良率を考えるのは，図 3.1(3) の母集団分布の母不良率を推測するためです．

それでは，本書のテーマ①の「異常値の検討」について考えてみましょう．図 3.4 を見てください．$n = 10$ 個のデータがプロットされています．一番右のプロットはデータの集団から外れているように見えます．**異常値**かもしれません．図 3.4 を見て，母集団分布を推測して(母集団分布に思いを馳せて)みましょう．

まず，異常値がないと考えて正規分布を重ねてみます．それを図 3.5(1) に示します．次に，一番右端のプロットが異常値だと考えて正規分布を重ねてみます．それを図 3.5(2) に示します．どちらが心に響くでしょうか？

図 3.4　異常値かもしれないデータを含む場合

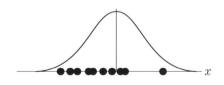

(1) 異常値がないと考えた場合

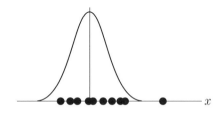

(2) 異常値があると考えた場合

図 3.5　図 3.4 のデータに正規分布を重ねる

　きっと (2) だと思います．サンプルサイズ n がもっと大きければヒストグラムを作成できますし，n がそれほど大きくなくても箱ひげ図により確認できます．しかし，$n = 10$ 程度のようにサンプルサイズが小さい場合でも，図 3.5(1)(2) に示したような推測は大切です．

　ところで，図 3.5 の (1) と (2) で正規分布の山の高さが異なっています．その理由は，確率分布では曲線の下の全面積は 1 でしたから，(2) は (1) に比べてばらつき（横幅）が小さい分，山が高くならないと (1) と面積が同じにならないからです．

　次に，テーマ②の「層別の検討」について考えてみましょう．図 3.6 のデータを見てください．図 3.6 はデータの集団が大きく 2 つに分かれているので**層別**できそうです．図 3.7(1) のように全体でひとつの正規分布を重ねるよりも，2 つに層別して正規分布を重ねた図 3.7(2) を考えたほうがよさそうです．

図 3.6 層別できそうなデータ

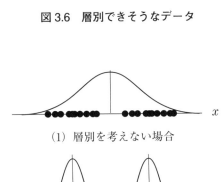

(1) 層別を考えない場合

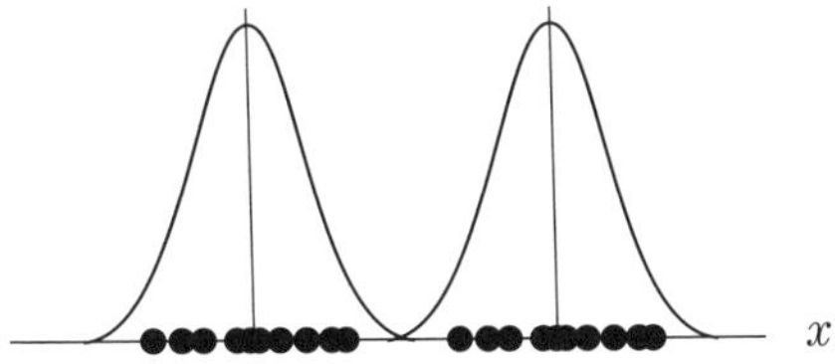

(2) 層別を考える場合

図 3.7 図 3.6 のデータに正規分布を重ねる

　実際には，**図 3.6** のように層別が明確な場合は少なく，データのプロットだけから層別の有無を判断するのは難しい場合が多いです．**図 3.8** のデータプロットを見てください．このデータに層別した正規分布を重ねるのは困難です．やはり，層別できるかどうかの情報がデータに付記されていることが必要です．**図 3.8** のデータに，製造機 A・製造機 B の情報が付記されていたとしましょう．製造機 A のデータを●印，製造機 B のデータを△印に置き直して，**図 3.8** のデータを**図 3.9** に示します．**図 3.9** を見ると，層別したデータごとに正規分布を重ねるのが妥当そうです．正規分布を重ねた結果を**図 3.10** に示します．

　さて，**図 3.10** を見て，何か違和感がないでしょうか．●印より，△印のほうがばらつきは小さいにもかかわらず，**図 3.10** では同じ形状の正規分布を重ねています．そこで，ばらつきの違いに配慮して正規分布を重ねると**図 3.11** のようになります．**図 3.10** では平均の違いだけを意識して 2 つの正規分布を重ねましたが，**図 3.11** ではばらつきの違いも意識して 2 つの正規分布を重ねています．これが，「本書の 3 テーマ」のテーマ③の

図3.8　プロットだけでは層別が困難なデータ

(●：製造機A, △：製造機B)

図3.9　層別情報を付記した図3.8のデータ

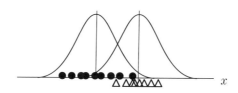

図3.10　図3.9のデータに正規分布を重ねる

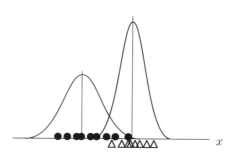

図3.11　ばらつきの違いを意識する

「平均とばらつきの両方を意識する」ということです．

例えば，2つの製造機AとBで製造された同じ品番の部品の寸法を比較するときに，各製造機にもとづくデータから各製造機の平均だけが示されていることがしばしばあります．しかし，これだけで納得してはいけません．「それぞれのサンプルサイズはいくつ？」，「それぞれの標準偏差や分散はいくら？」，「データのプロットの様子は？」，「異常値はある？」などを聞かずにはいられないというのが統計的センスだと思います．

3.5 正規分布の応用

母集団分布が正規分布 $N(\mu, \sigma^2)$ であるとき，データ x は $N(\mu, \sigma^2)$ に**従う**といいます．$N(\mu, \sigma^2)$ という確率分布の法則に「従って」データが発生するという意味です．$N(\mu, \sigma^2)$ の母集団からたくさんのデータを採取してヒストグラムを作成すると，そのヒストグラムの形状は**図 3.2** に示したような形になります．また，たくさんのデータを採取して(標本)平均 $\bar{x}$，(標本)標準偏差 s，(標本)分散 V を計算すると，それらは，それぞれ，母平均 μ，母標準偏差 σ，母分散 σ^2 に近い値となります．

本節では，正規分布の基本的な応用について述べます．

例題 3.1 ある部品の寸法 x が $N(101, 2^2)$ に従っているとします．また，上側規格が $SU = 105$ で，下側規格が $SL = 95$ だとします．このとき，不良率はいくらになるでしょうか．

このような問題を解くときには，正規分布の標準化を行います．それは，x が $N(\mu, \sigma^2)$ に従うとき，$z = \dfrac{x - \mu}{\sigma}$ と変換すると，z は標準正規分布 $N(0, 1^2)$ に従うという性質です．この変換を**標準化**とよびます．

データ x が上側規格外れを起こすのは $x \geq 105$ のときです．$\mu = 101$ と $\sigma = 2$ に注意して，この左辺に標準化を行い，右辺も同じ変換を行うと次のようになります．

$$z = \frac{x - 101}{2} \geq \frac{105 - 101}{2} = 2.0$$

すなわち，$N(\mu, \sigma^2)$ のもとで $x \geq 105$ となる確率と標準正規分布 $N(0, 1^2)$ のもとで $z \geq 2.0$ となる確率は同じです．巻末に掲載されている「付表 1 正規分布表（I）」から，その確率は 0.0228 と求まります（付表 1 の使い方は巻末のコラムに記載します）．または，Excel の normsdist 関数を用いることもできます（これは $z < 2.0$ の確率を与えるので，1 からその値を引けばよいです）．**図 3.3** の中央の図において，$\mu = 0$，$\sigma = 1$ と置けば，この確率の値を確認できます．

同様に，データ x が下側規格外れを起こすのは $x \leq 95$ のときです．こ

れを標準化すると次のようになります.

$$z = \frac{x-101}{2} \leq \frac{95-101}{2} = -3.0$$

標準正規分布 $N(0, 1^2)$ は0を中心に左右対称なので，$z \leq -3.0$ となる確率は $z \geq 3.0$ となる確率と同じです．上記と同様にして，$z \geq 3.0$ となる確率は 0.0013 であることがわかります．図 3.3 の上の図において，$\mu = 0$，$\sigma = 1$ と置けば，この確率の値を確認できます．

したがって，不良率は $0.0228 + 0.0013 = 0.0241 (= 2.41\%)$ となります．
上記の計算の流れを図 3.12 に図示します．

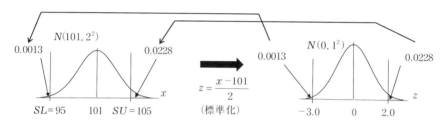

図 3.12　例題 3.1 の計算の流れ

例題 3.2　例題 3.1 では，母平均 101 が規格の中心 $(SL+SU)/2 = (95+105)/2 = 100$ から上側にずれています．母平均 101 を規格の中心 100 に一致させたら不良率がどのようになるのかを考えてみましょう．例題 3.1 と同様に考えればよいです．

まず，データ x が上側規格外れを起こす場合を考えましょう．それは $x \geq 105$ のときですから，例題 3.1 と同様に，左辺に標準化を行い，右辺も同じ変換を行うと次のようになります．

$$z = \frac{x-100}{2} \geq \frac{105-100}{2} = 2.5$$

例題 3.1 のとき，母平均 μ は 101 として標準化していましたが，例題 3.2 では 100 として標準化している点に注意してください．巻末の付表 1 または Excel の normsdist 関数を用いることにより，標準正規分布において $z \geq 2.5$ となる確率は 0.0062 と求まります．

次に，データ x が下側規格外れを起こすのは $x \leq 95$ のときですから，これを標準化すると

$$z = \frac{x - 100}{2} \leq \frac{95 - 100}{2} = -2.5$$

となります．標準正規分布 $N(0, 1^2)$ は 0 を中心に左右対称なので，$z \leq -2.5$ となる確率は $z \geq 2.5$ となる確率と同じです．これは，上記と同じなので，その確率は 0.0062 です．

したがって，不良率は $0.0062 + 0.0062 = 0.0124 (= 1.24\%)$ となります．母平均を規格の中心に移動させることにより，不良率がかなり小さくなりました．

例題 3.3 母平均を規格の中心 100 に調整した例題 3.2 の状況で，不良率を 0.010 (1.0%) となるようにするには，現状の母標準偏差の値である 2 をいくらにすればよいのかを考えましょう．目標の母標準偏差の値を σ と置きます．すなわち，目標の不良率 0.010 を達成するときにデータ x が従う正規分布を $N(100, \sigma^2)$ と表します．

このとき，上側規格を外れる $x \geq 105$ は，標準化により次のようになります．

$$z = \frac{x - 100}{\sigma} \geq \frac{105 - 100}{\sigma} = \frac{5}{\sigma}$$

母平均が規格の中心にあるので，上側規格 105 を外れる確率が 0.010 の半分の 0.005 であればよいことになります．ここで，巻末の「付表 2　正規分布表 (II)」を使用します．付表 2 は，$z \geq k$ となる確率が P のときの k の値を示しています．付表 2 において $P = .005$ の欄を見て $k = 2.576$ を読み取ります．上式にもとづいて

$$z = \frac{x - 100}{\sigma} > \frac{105 - 100}{\sigma} = \frac{5}{\sigma} = 2.576$$

と置くと，求める σ の値は $\sigma = 5/2.576 = 1.941$ となります．

例題 3.4 2 種類の部品 A と B を考えます．A の長さ x は正規分布 $N(100, 4^2)$ に従っており，B の長さ y は正規分布 $N(60, 3^2)$ に従っている

とします.このとき,AとBの部品をランダムに一つずつ取り出し,**図3.13**のように横に並べたときの合計の長さ $v = x + y$ はどのような確率分布に従うでしょうか.また,**図3.14**のように縦に並べたときの長さの差 $w = x - y$ はどのような確率分布に従うでしょうか.

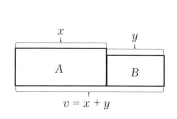
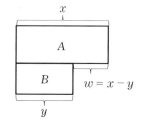

図3.13　AとBを横に並べた場合　　図3.14　AとBを縦に並べた場合

　一般に,x が正規分布 $N(\mu_x, \sigma_x^2)$ に従い,y が正規分布 $N(\mu_y, \sigma_y^2)$ に従い,互いに**独立**ならば,$x + y$ は正規分布 $N(\mu_x + \mu_y, \sigma_x^2 + \sigma_y^2)$ に従います.「独立」というのは x と y が関連していない(相関がない)という意味です.母平均が加わるのは直感的にイメージできると思いますが,母分散も加えたものになります.これを**分散の加法性**とよびます.$(\sigma_x + \sigma_y)^2$ ではないことに注意してください.また,$x - y$ は正規分布 $N(\mu_x - \mu_y, \sigma_x^2 + \sigma_y^2)$ に従います.母平均は引き算になりますが,母分散は加え合っている(この場合も分散の加法性とよびます)ことに注意してください.

　この性質より,$v = x + y$ は正規分布 $N(100 + 60, 4^2 + 3^2) = N(160, 5^2)$ に従います.また,$w = x - y$ は正規分布 $N(100 - 60, 4^2 + 3^2) = N(40, 5^2)$ に従います.これは $N(100 - 60, 4^2 - 3^2) = N(40, 7)$(母分散が引き算)とはなりません.

3.6 工程能力指数

品質管理では,工程がいかに不良を作り出さないようになっているかを評価するため,工程能力指数(process capability index)が頻繁に用いられています.工程能力指数は,次のように定義されます.

■工程能力指数の定義

母集団分布として正規分布 $N(\mu, \sigma^2)$ を想定します.また,下側規格値を SL,上側規格値を SU と表します.よく用いられている工程能力指数は次の4種類です.

- 下側規格値 SL のみが存在する場合

$$C_{pL} = \frac{\mu - SL}{3\sigma}$$

- 上側規格値 SU のみが存在する場合

$$C_{pU} = \frac{SU - \mu}{3\sigma}$$

- 両側に規格値 SL と SU が存在する場合(1)

$$C_p = \frac{SU - SL}{6\sigma}$$

- 両側に規格値 SL と SU が存在する場合(2)

$$C_{pk} = \min(C_{pL}, C_{pU}) = \min\left(\frac{\mu - SL}{3\sigma}, \frac{SU - \mu}{3\sigma}\right)$$

ここで,$\min(a, b)$ は a と b の小さいほうを表します.

4つの工程能力指数は,いずれも,分子は規格幅ないしは規格と母平均との差を表しており,分母は3シグマルールを意識したばらつきの大きさを表しています.C_p 以外の3つの工程能力指数は,まさに,平均とばらつきの両方を同時に考慮した指標になっています.C_p では母集団分布の平均を考慮していないのに対して,C_{pk} では考慮しています.そこで,**C_{pk} は偏りを考慮した工程能力指数**とよばれることがあります.これらの

4つの指標は日本の企業で最初に考案されました．そして，現在，世界中で用いられています．

工程能力指数を一般的に PCI と表します．工程能力指数に関して次の評価基準がしばしば用いられます．

- $PCI \geq 1.33$ なら工程能力は十分ある．
- $1.00 \leq PCI < 1.33$ なら工程能力は十分ではない．
- $0.67 \leq PCI < 1.00$ なら工程能力は不足している．
- $PCI < 0.67$ なら工程能力はまったく不足している．

例題 3.5 上側規格値が $SU = 212$，下側規格値が $SL = 188$ とします．母集団分布として，母分散が異なる3つの正規分布(1) $N(200, 3^2)$，(2) $N(200, 4^2)$，(3) $N(200, 6^2)$ を考えます．これらを図 3.15 に示します．図 3.15 の各図において，工程能力指数 C_p を計算してみましょう．

図 3.15(1) では $\sigma = 3$ なので，

$$C_p = \frac{212 - 188}{6 \times 3} = \frac{24}{18} = 1.33$$

となります．次に，図 3.15(2) では $\sigma = 4$ なので，

$$C_p = \frac{212 - 188}{6 \times 4} = \frac{24}{24} = 1.00$$

となります．さらに，図 3.15(3) では $\sigma = 6$ なので，

$$C_p = \frac{212 - 188}{6 \times 6} = \frac{24}{36} = 0.67$$

となります．

例題 3.1 や 3.2 と同様にして，不良率を計算できます．図 3.15(1) では不良率は 0.000063（= 0.0063% = 63ppm），図 3.15(2) では不良率は 0.002700（= 0.2700% = 2700ppm），図 3.15(3) では不良率は 0.045500（= 4.5500% = 45500ppm）となります．ここで，1ppm（パーツ・パー・ミリオン）は 100 万分の 1（= 0.0001%）を表します．すなわち，10000ppm = 1% です．

工程能力指数の利点は，非常に小さな不良率に対しても，わかりやすい数値（0～2くらいの値）で評価できるという点にあります．一般的な評価基準を先に述べましたが，シングル ppm が求められる場合，$PCI = 1.33$

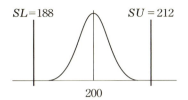

(1) 母集団分布：$N(200, 3^2)$ ($\sigma=3$)

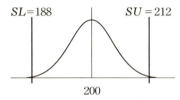

(2) 母集団分布：$N(200, 4^2)$ ($\sigma=4$)

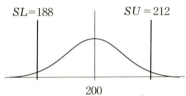

(3) 母集団分布：$N(200, 6^2)$ ($\sigma=6$)

図 3.15　工程能力指数 C_p の計算

では不十分です．

例題 3.6　例題 3.5 と同様に，上側規格値は $SU=212$，下側規格値は $SL=188$ とします．母集団分布として，母平均が異なる 2 つの正規分布 (1) $N(200, 3^2)$，(2) $N(206, 3^2)$ を考えます．これらを図 3.16 に図示します．図 3.16(1) と図 3.15(1) は同じです．これらの状況で，2 つの工程能力指数 C_p と C_{pk} を計算しましょう．

図 3.16(1) では，$\mu=200$，$\sigma=3$ なので，

$$C_p = \frac{212-188}{6\times 3} = \frac{24}{18} = 1.33$$

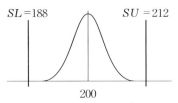

(1) 母集団分布：$N(200, 3^2)(\sigma = 3)$

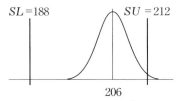

(2) 母集団分布：$N(206, 3^2)(\sigma = 3)$

図 3.16　工程能力指数 C_p と C_{pk} の計算

$$C_{pk} = \min\left(\frac{200-188}{3\times 3},\ \frac{212-200}{3\times 3}\right) = \min(1.33,\ 1.33) = 1.33$$

となります．母平均 $\mu = 200$ が規格の中心 200 と一致するので，$C_p = C_{pk}$ が成り立ちます．

次に，図 3.16(2) では，$\mu = 206$，$\sigma = 3$ なので，

$$C_p = \frac{212-188}{6\times 3} = \frac{24}{18} = 1.33$$

$$C_{pk} = \min\left(\frac{206-188}{3\times 3},\ \frac{212-206}{3\times 3}\right) = \min(2.00,\ 0.67) = 0.67$$

となります．母平均 $\mu = 206$ が規格の中心 200 より上側に偏っているので，$C_p > C_{pk}$ という関係になります．

これより，母平均が規格の中心にある，または，母平均を容易に調整できる場合以外には，C_{pk} を用いる必要があります．

■コラム１：正規分布表の見方

巻末の正規分布表の見方を述べます．

「付表1 正規分布表（I）」は，z が標準正規分布 $N(0, 1^2)$ に従うとき，図 3.17 において横軸で $k(\geq 0)$ の値を指定したとき，$z \geq k$ となる確率 P を求めるための数値表です．すなわち，「k から P」を求める表です．

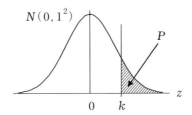

図 3.17 「付表 1, 2 正規分布表（I）（II）」の見方

いくつかの具体例を示しましょう．

$z \geq 1.23$ となる確率を求めたいとします（図 3.18 を参照）．$k = 1.23$ ですから，k の値の小数点 1 桁目の 1.2* まで付表 1 の第 1 列を縦にたどります．次に，k の値の小数点 2 桁目は 3 ですから，1.2* の行を横にたどって 4 つ目の値 (0, 1, 2, 3 なので 4 つ目です) として .1093（小数点の前の 0 は省略）が記載されています．この値 0.1093 が $z \geq 1.23$ となる確率です．

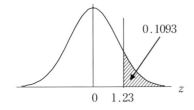
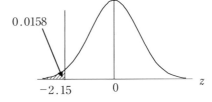

図 3.18 $z \geq 1.23$ となる確率 　　図 3.19 $z \leq -2.15$ となる確率

次に，$z \leq -2.15$ となる確率を求めたいとします（図 3.19 を参照）．標準正規分布 $N(0, 1^2)$ は $z = 0$ を中心として左右対称ですから，$z \leq -2.15$ となる確率は $z \geq 2.15$ となる確率と同じです．したがって，上と同様にして，$k = 2.15$ として付表 1 を用いると .0158 を求めることができます．

「付表2 正規分布表（Ⅱ）」は，z が標準正規分布 $N(0,1^2)$ に従うとき，図3.17において確率 P を指定して横軸の $k(\geq 0)$ の値を求めるための数値表です．すなわち，「P から k」を求める表です．

例題3.3の場合には $P = .005$ に対応する k の値を求める必要がありました．付表2より，この値は $k = 2.576$ となることがわかります．

演習問題 3

以下の文章で，正しいものには〇，間違っているものには×をつけてください．

① 母集団分布の形状は，サンプルサイズを十分大きくすればヒストグラムの形状から推測できる．[　　　]

② 母集団分布として，常に正規分布を想定できる．[　　　]

③ 正規分布 $N(40, 4^2)$ のとき，母標準偏差は4である．[　　　]

④ 正規分布の形状は左右対称である．[　　　]

⑤ x が正規分布 $N(\mu, \sigma^2)$ に従うとき，標準化したものは正規分布 $N(1, 1^2)$ に従う．[　　　]

⑥ x が正規分布 $N(\mu, \sigma^2)$ に従うとき，$x \leq \mu$ となる確率は0.5である．[　　　]

⑦ x が正規分布 $N(\mu, \sigma^2)$ に従うとき，$x \geq \mu + 3\sigma$ となる確率は0である．[　　　]

⑧ 2つに層別できるときは，層ごとに重ねる2つの正規分布の母平均は異なるが，母分散はいつも同じだと考えてよい．[　　　]

⑨ 上側規格が $SU = 12$ で，x が正規分布 $N(10, 2^2)$ に従うとき，上側規格外れとなる確率は0.1587である．[　　　]

⑩ 2つの正規分布 $N(5, 3^2)$ と $N(7, 2^2)$ の確率分布の形状を比較すると，分布の山が高いのは $N(5, 3^2)$ である．[　　　]

第 4 章

時間的な変化を調べる

「**本書の3テーマ**」は次のとおりでした．
① 異常を検討する．
② 層別を検討する．
③ 平均とばらつきの両方を意識する．

第4章では，母集団分布が時間的に変化していないかどうかを考えます．そのための定番の手法は**管理図**です．管理図について上記の3点から理解を深めていただければと思います．

4.1 母集団分布の推測

第3章では，「母集団分布の推測」について述べました．今回の準備として，このことを復習しておきましょう．そのなかで「**本書の3テーマ**」を意識してください．

まず，**図4.1**(1)を見てください．2つの製造機AとBで製造した同種の部品の長さのデータを採取し，製造機ごとに計算した平均$\bar{x}_A$と$\bar{x}_B$をプロットしています．しかし，これでは，母集団分布の母平均を推測できても，母集団分布の形状を推測できません．そこで，データの各値をプロットした図を**図4.1**(2)に示します．この図より母集団分布の形状を推測できそうです．平均とばらつきを考慮して正規分布を重ねると**図4.1**(3)になります．

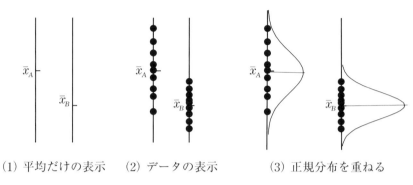

(1) 平均だけの表示　　(2) データの表示　　(3) 正規分布を重ねる

図 4.1　母集団分布の推測

第 3 章では，データや正規分布を横軸上に表示しましたが，今回は，以下の内容に合わせるため，縦軸上に表示していることに注意してください．次に，今回の内容に直結する数値例を考えましょう．

例題 4.1　1 つの製造機で部品 Q を製造しています．部品 Q の重要特性は長さです．規格は $SU = 53.5$, $SL = 47.5$ です．最近の 10 日間，各日においてランダムに 5 つの部品 Q を選んで長さを測定したデータを表 4.1 に示します．

表 4.1 には，各 No.（各日）の 5 つのデータにもとづく平均 $\overline{X}$ と範囲 R（最大値と最小値の差）も記載しています．念のため，No.1 のデータについて平均 $\overline{X}_1$ と範囲 R_1 の計算式を示します．慣例により，管理図では平均を $\overline{X}$ と大文字で表します．

$$\overline{X}_1 = \frac{49.7 + 49.9 + 49.2 + 48.9 + 49.8}{5} = 49.50$$

$$R_1 = 49.9 - 48.9 = 1.0$$

また，表 4.1 の最下段には，No.1 〜 10 の 10 個の平均 $\overline{X}_1 \sim \overline{X}_{10}$ と 10 個の範囲 $R_1 \sim R_{10}$ から次のように計算した平均も記載しています．

$$\overline{\overline{X}} = \frac{49.50 + 49.52 + \cdots + 49.96}{10} = 50.046$$

$$\overline{R} = \frac{1.0 + 2.2 + \cdots + 1.5}{10} = 2.10$$

表 4.1　最近 10 日間の部品の長さのデータ

No.	データ					$\overline{X}$	R
1	49.7	49.9	49.2	48.9	49.8	49.50	1.0
2	49.3	49.2	48.7	50.9	49.5	49.52	2.2
3	51.2	48.8	49.9	49.9	48.8	49.72	2.4
4	48.6	49.6	49.3	50.2	49.8	49.50	1.6
5	50.6	50.1	48.9	51.1	50.2	50.18	2.2
6	51.1	52.9	53.2	50.6	52.7	52.10	2.6
7	49.6	50.2	49.3	49.5	51.0	49.92	1.7
8	49.6	49.1	48.8	49.0	51.0	49.50	2.2
9	50.4	48.7	51.4	52.3	50.0	50.56	3.6
10	49.4	49.8	50.9	49.6	50.1	49.96	1.5
	総平均					50.046	2.10

　横軸に各日(No.)をとり，縦軸に部品 Q の長さをとって，表 4.1 のデータをプロットして図 4.2 を作成します．図 4.2 より，すべてのデータは規格内に収まっていることがわかります．各 No. での 5 つのデータには多少のばらつきがあり，No. が変わると平均やばらつきの様子も異なっていそうです．特に，No.6 の平均がほかよりも高めであり，No.9 のばらつきがほかよりも大きめ，No.1 のばらつきがほかよりもやや小さめです．各 No. とも，データが 5 個しかないので，異常値の識別や層別の必要性の判断は難しいです．

　これらの考察より，各日に平均とばらつきを考慮した正規分布を重ねて図 4.3 を作成します．図 4.3 より，No.6 の 5 つのデータは規格内に収まっていますが，重ねた正規分布を見ると，もっと多くのデータをとれば規格外れが発生しそうです．

　そうはいうものの，各 No. のわずか 5 個のプロットに対応して平均や分散を細かく変化させた正規分布に思いを馳せるのは，やり過ぎのような気がします．実際，わずかな変化に対して平均をその都度調整すると**ハンティング現象**(4.4 節で解説)を起こすので，よくないことが知られています．そこで，どの No. がほかの No. とはっきり異なるのか，すなわち異常なの

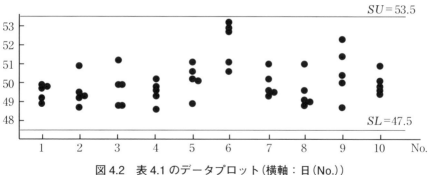

図 4.2 表 4.1 のデータプロット（横軸：日（No.））

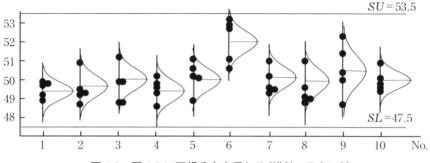

図 4.3 図 4.2 に正規分布を重ねる（横軸：日（No.））

かを判断するために $\overline{X}-R$ 管理図を作成しましょう．

4.2 $\overline{X}-R$ 管理図

$\overline{X}-R$ 管理図の作成手順を表 4.1 のデータにもとづいて説明します．なお，管理図では，No. を**群**とよびます．群は母集団と同じ意味です．表 4.1 では，1 日に製造される部品 Q の全体を母集団と考えていることになります．

■ $\overline{X}-R$ 管理図の作成手順
(1) $\overline{X}$ 管理図：管理線を次のように求めます．
中心線：$CL = \overline{\overline{X}} = 50.046$

上部管理限界線：$UCL = \overline{\overline{X}} + A_2\overline{R} = 50.046 + 0.577 \times 2.10 = 51.258$

下部管理限界線：$LCL = \overline{\overline{X}} - A_2\overline{R} = 50.046 - 0.577 \times 2.10 = 48.834$

ここで，A_2 は $\overline{X} - R$ 管理図用係数表に掲載されている係数です．係数表の一部を表4.2に示します．各群のサンプルサイズ n により A_2 の値は変化します．表4.1では $n = 5$ ですから，これに対応して，表4.2より $A_2 = 0.577$ が求まります．

上記の3本の管理線を引き，各群の平均 $\overline{X}_1 \sim \overline{X}_{10}$ の値をプロットします．

(2) R 管理図：管理線を次のように求めます．

中心線：$CL = \overline{R} = 2.10$

上部管理限界線：$UCL = D_4\overline{R} = 2.114 \times 2.10 = 4.44$

下部管理限界線：$LCL = D_3\overline{R} =$（考えない）

ここで，D_4 と D_3 は $\overline{X} - R$ 管理図用係数表に掲載されている係数です．これらの値も各群のサンプルサイズ n により変化します．表4.1では $n = 5$ ですから，$D_4 = 2.114$，$D_3 =$（考えない）となります．

上記の3本の管理線を引き（表4.1のデータの場合には LCL は引きません），各群の範囲 $R_1 \sim R_{10}$ の値をプロットします．

表4.2　$\overline{X} - R$ 管理図用係数表

n	A_2	D_3	D_4
2	1.880	考えない	3.267
3	1.023	考えない	2.575
4	0.729	考えない	2.282
5	0.577	考えない	2.114
10	0.308	0.223	1.777

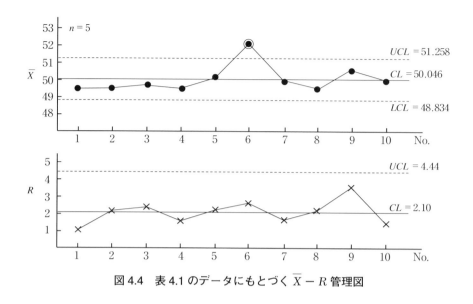

図 4.4　表 4.1 のデータにもとづく $\overline{X} - R$ 管理図

　表 4.1 のデータにもとづいて作成した $\overline{X} - R$ 管理図を図 4.4 に示します．
　一般に，管理図において，管理限界線を越える点があったり，著しい**トレンド(上昇傾向や下降傾向)** が観察されたりするときには**異常**があると判定します．異常がなければ「**安定状態**」とよびます．$\overline{X} - R$ 管理図がともに安定状態なら，No. が変わっても母集団分布が一定であることを意味します．「**管理状態**」という言葉も使われますが，この言葉は，「安定状態」であり，かつ「望ましい状態」であるときに使われることが多いようです．
　$\overline{X} - R$ 管理図では，R 管理図を先に考察します(永田(1996))．R 管理図の管理限界線の計算方法において $\overline{R}$ しか用いられていないことからわかるように，R 管理図には**群内の変動**だけしか現れません．R 管理図には平均 $\overline{X}$ の影響は入ってこないのです．一方，$\overline{X}$ 管理図では，管理限界線の計算方法を見ると，平均 $\overline{X}$ と範囲 R の両方の影響を受けることがわかります．したがって，R 管理図を先に考察して安定状態が確認できれば，$\overline{X}$ 管理図には平均 $\overline{X}$ の変動しか含まれないので考察がしやすくなります．それに対して，R 管理図が安定状態でないなら，その変動は $\overline{X}$ 管理図にも影響を与えるので，$\overline{X}$ 管理図の考察はやや複雑になります．
　図 4.4 の $\overline{X} - R$ 管理図を考察してみましょう．R 管理図では，管理限界

線を越えている点もなく，著しいトレンドもないので，安定状態だと考えられます．次に，$\overline{X}$管理図では，No.6で上部管理限界線を越えている点があります．R管理図が安定状態だったので，この異常は平均だけの異常と考えられます．その原因追究を行わなければなりません．その他の傾向は特に見当たりません．

なお，ここで，異常といっていますが，No.6の母集団がほかのNo.の母集団と異なるという意味での異常です．安定状態ではないという意味で異常です．**第3章**までで述べてきた個々のデータの異常性とは意味が異なることに注意してください．

このような考察にもとづくと，No.1〜10の母集団の様子は**図 4.5**のようであると推測できます．

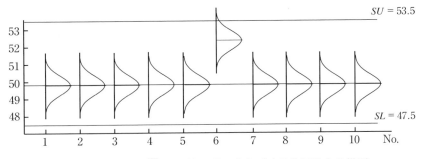

図 4.5 図 4.4 の $\overline{X} - R$ 管理図にもとづく母集団分布の推測

ここで，**図 4.3** と**図 4.5** とを見比べてください．生データをプロットして推測した**図 4.3** では平均やばらつきなどに細かく配慮して母集団を推測しています．サンプルサイズがある程度大きいならこのような推測の精度はよくなりますが，いまの場合，各群からのサンプルサイズは $n = 5$ です．少ないサンプルサイズのデータの変動に細かく対応するのではなく，大きな異常があればそれを検出するという方針で用いるのが管理図です．したがって，管理図で異常が検知されたら，その異常には真剣に向き合う必要があるのです．

4.3　$\overline{X}-R$ 管理図にもとづく母集団分布の推測の演習

前節では，図 4.4 の管理図から図 4.5 の母集団分布の推測を行いました．ここで，関連した演習を行ってみましょう．

例題 4.2　図 4.6 〜図 4.9 の各 $\overline{X}-R$ 管理図は，図 4.10 〜図 4.13 の母集団分布の推移のどれを反映しているでしょうか？　図の次に解答を記載していますが，まずは，それを見ないで考えてみてください（図の出典はすべて永田靖：『品質管理のための統計手法』(日本経済新聞社，2006 年))．

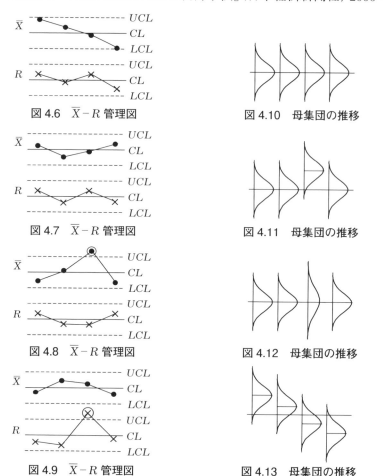

図 4.6　$\overline{X}-R$ 管理図

図 4.10　母集団の推移

図 4.7　$\overline{X}-R$ 管理図

図 4.11　母集団の推移

図 4.8　$\overline{X}-R$ 管理図

図 4.12　母集団の推移

図 4.9　$\overline{X}-R$ 管理図

図 4.13　母集団の推移

解答は次のとおりです．

- 図 4.6：R 管理図は安定状態，$\bar{X}$ 管理図は減少傾向
  ⇒ 図 4.13 が対応
- 図 4.7：R 管理図は安定状態，$\bar{X}$ 管理図も安定状態
  ⇒ 図 4.10 が対応
- 図 4.8：R 管理図は安定状態，$\bar{X}$ 管理図では上部管理限界線外れ
  ⇒ 図 4.11 が対応
- 図 4.9：R 管理図では上部管理限界線外れ，$\bar{X}$ 管理図は安定状態
  ⇒ 図 4.12 が対応

4.4 管理図に関する諸注意

(1) 解析用管理図と管理用管理図

群の個数を 20 くらい集め，まず安定状態かどうかを判断するために**解析用管理図**を作成します．表 4.1 では，紙面の都合より 10 群としましたが，本来はもっと多くの群を集めるのがよいです．4.2 節の手順より解析用管理図を作成します．ここで異常が見つかれば，その原因追究を行います．異常がなく，安定状態と判定できれば，管理線を延長して，日々の管理のための**管理用管理図**として用います．

(2) 群の設定

群の設定を**群分け**ともいいます．群分けは，母集団が何かを考えることに相当します．どういうタイミングで母集団が変化する可能性があるかにも配慮する必要があります．管理図で異常が見つかったとき，原因追究するために，できるだけ多くの記録を併記しておくことも大切です．例えば，原料が変わるとき，作業者が変わるとき，天気が変わるとき，といった具合です．

(3) 3 シグマルール

管理限界線は **3 シグマルール**にもとづいて計算式が求められています．しかし，「3σ ルール」と書くと厳密には正しくありません．例えば，$\bar{X}$ 管

理図について考えてみましょう．各 No. の n 個のデータの一つひとつは正規分布 $N(\mu, \sigma^2)$ に従うと仮定します．このとき，n 個のデータの平均 $\overline{X}$ は正規分布 $N(\mu, \sigma^2/n)$ に従います．正規分布 $N(\mu, \sigma^2/n)$ の下で3シグマルールを考えると $\mu \pm 3\sigma/\sqrt{n}$ となります．これをデータから推測したものが $\overline{X}$ 管理図の上部管理限界線と下部管理限界線です．この場合は「3σ」ではなくて「$3\sigma/\sqrt{n}$」です．すなわち，「3シグマルール」とは「管理図にプロットされる統計量が従う確率分布における標準偏差の3倍」という意味です．

ここで，平均 $\overline{X}$ の確率分布には母平均 μ だけでなく，母分散 σ^2 も関わっていることを再度確認してください．これより，先に述べたように，$\overline{X}$ 管理図では平均 $\overline{X}$ と範囲 R の両方の影響を受けることになります．

(4) ハンティング現象

ねらい値(例えば，規格の中心)が100だったとしましょう．得られたデータが99だったら工程を調整して1だけ大きくなるようにし，次に得られたデータが102だったら工程を調整して2だけ小さくなるようにし，…というふうに，毎回のデータに応じて微調整するのは望ましくありません．このような調整をすると，何も調整しない場合と比べて分散が2倍になります(永田(2002)を参照)．これを**ハンティング現象**とよびます．

一方で，工程が大きく変化している(異常を起こしている)のに放置しておくのはもっとよくありません．そこで管理図の登場です．微小な変化を無視し，3シグマルールにもとづいて大きな変化にはしっかり対応することになります．

(5) 良すぎる状態も異常！

不良率をプロットする p 管理図において，下部管理限界線を下回る群があったとき，これは異常でしょうか？下部管理限界線を下回るのは，ほかの群と比較してとても不良率が低い，すなわち，とても良い状態を意味しています．しかし，これも異常と考えます．ほかの大多数と異なるからです．良すぎるからです．なぜ良すぎるのかを追究する必要があります．良すぎる状況の理由を発見できれば，それをベンチマークとして全体

的に不良率を減少させることができるかもしれません．

演習問題 4

以下の文章で，正しいものには○，間違っているものには×をつけてください．

① $\overline{X}$ 管理図では，上部管理限界線と下部管理限界線の平均が中心線になる．[　　]
② $\overline{X}-R$ 管理図では，$\overline{X}$ 管理図から先に考察する．[　　]
③ 群と母集団は異なる概念である．[　　]
④ 平均に異常があるときには，その影響は R 管理図にも現れる．[　　]
⑤ 各群のサンプルサイズが同じなら，群の個数が変化しても，$\overline{X}$ 管理図を作成するときの係数 A_2 は変化しない．[　　]
⑥ R 管理図が安定状態であるとき，これは母集団分布が一定であることを意味する．[　　]
⑦ $\overline{X}$ 管理図の個々の変動に対応して工程を調整するのがよい．[　　]
⑧ 群はデータをとりやすいように設定するのがよい．[　　]
⑨ R 管理図で著しい下降傾向が見い出されたとき，それはばらつきが小さくなることを意味するが，異常と考えるべきである．[　　]
⑩ 管理図を用いる場合には，まず，管理用管理図を描いた後に，解析用管理図を用いて日常管理を行う．[　　]

第 5 章

推定と検定の考え方

「**本書の3テーマ**」は次のとおりでした．
① 異常を検討する．
② 層別を検討する．
③ 平均とばらつきの両方を意識する．

第5章では，統計的推測の基本的なアプローチである**推定**と**検定**の考え方を解説します．推定と検定については，データの形式や解析目的に応じてさまざまな手法があります．しかし，推定と検定の基本的な考え方や用語はすべての手法を通じて共通です．そこで，代表的な手法を例示して，その共通の考え方を述べたいと思います．

5.1 推定と検定の目的

本書では，これまで母集団分布の形状の推測について述べてきました．プロットしたデータに正規分布を重ねて考察してきました．しかし，そこには何かしらのあいまいさや恣意性が入る可能性があります．そこで，正規分布 $N(\mu, \sigma^2)$ を想定できるのなら，**母平均** μ，**母分散** σ^2 の値を具体的に推測するほうが手っ取り早いです．母平均，母分散を**母数**とよびます．母集団を規定する数なので母数です．**パラメータ**ともよびます．推定と検定は母数について何らかの推測を行うことを目的としたアプローチです．

5.2 点推定と区間推定

推定とは，母数の値をデータから当てることです．1つの値で当てる方法を**点推定**，「小さく見積もれば△△くらい，大きく見積もれば○○くらい」と区間(△△, ○○)により母数の存在範囲を当てる方法を**区間推定**とよびます．このようなことは日常的に行っていますから，直感的には理解しやすいと思います．例えば，「今度の宴会の費用，どれくらいかかる？」という問いかけに対して，「1人3000円くらいだと思うよ」というのが点推定です．「部長が来てくれると1人2000円くらいになるかもしれない．でも，部長が来なくて，みんながたくさん飲んだら1人4000円くらいになるかもしれないね」というのが区間推定です．この日常会話にはあいまいなところがありますが，統計的方法の区間推定の場合には，精度の保証があります．

(1) 点推定

母集団として正規分布 $N(\mu, \sigma^2)$ を想定します．そこからサンプルサイズ n のデータを採取(サンプリング)します．それにもとづいて母平均 μ，母分散 σ^2 の点推定を考えましょう．そのためには，第1章で述べた**標本平均 $\bar{x}$，標本分散 V** を計算すればよいです．ここで，母数を強調するために母平均，母分散と表記し，データから計算された**統計量**であることを強調するために標本平均，標本分散と表記しています．文脈から母数か統計量かがはっきりしている場合には「母」や「標本」を省略します．

図5.1に点推定のフレームワークを記載しました．母集団分布として正規分布 $N(\mu, \sigma^2)$ を想定し，ランダムに n 個のデータをサンプリングします．そして，データにもとづいて各種統計量を計算し，各種母数を次のように推定します．このとき，点推定のために計算される統計量を**点推定量**とよびます．

$$\hat{\mu} = \bar{x}$$
$$\hat{\sigma}^2 = V$$

推定する母数の上に「＾」(**ハット**(帽子)と読みます)の記号が付いていることに注意してください．$\hat{\mu}$，$\hat{\sigma}^2$ は，それぞれ，ミューハット，シグマ

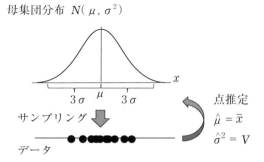

図5.1 点推定のフレームワーク

2乗ハットと読みます．ハットの記号を付け忘れて $\mu = \bar{x}$ などと表記するのは正しくありません．それは，μ の真値が数少ないデータから推定した(誤差の含まれる) $\bar{x}$ に等しいという意味になり，不適切だからです．「$\bar{x}$ は μ の推定値(近似値)」という気持ちがハットの記号に込められています．

点推定を行う前に，「**本書の3テーマ**」の「**①異常を検討する**」のとおり，まず，異常値がないかどうかのチェックが必要です．異常値があると，点推定量は大きく影響を受けるからです．

第1章の基本統計量の計算で例示しましたが，ここでも次の例題で，まず点推定について確認しておきましょう．

例題 5.1 部品 Q の従来からの強度の母平均は 50 でした．この度，強度を向上させるために改善活動を行いました．改善効果があるといえるかどうかを判定するため，活動後の部品 Q をランダムに $n = 10$ 個選び，強度を測定した結果，次のようなデータを得ました．

　　データ：52, 53, 50, 48, 49, 51, 52, 55, 54, 53

このデータより母平均 μ，母分散 σ^2 を点推定しましょう．

$$\hat{\mu} = \bar{x} = \frac{52 + 53 + \cdots + 53}{10} = \frac{517}{10} = 51.7$$

$$S = 52^2 + 53^2 + \cdots + 53^2 - \frac{(52 + 53 + \cdots + 53)^2}{10} = 26773 - \frac{517^2}{10} = 44.1$$

$$\hat{\sigma}^2 = V = \frac{S}{n-1} = \frac{44.1}{10-1} = 4.90$$

サンプルサイズ n が大きくなれば,点推定量は母数の真値に近づいていくという性質があります.すなわち,精度が良くなります.これを**大数の法則**とよびます.

(2) 母平均 μ の区間推定

区間推定は,データより区間を求めて,その区間の中に推定対象の母数が含まれていると考えるアプローチです.

図 5.1 に示した状況,すなわち,正規分布 $N(\mu, \sigma^2)$ からのサンプルサイズ n のデータにもとづいて母平均 μ の**信頼率**95% の区間推定を行う計算式は次のようになります.

$$\left(\bar{x} - t(n-1, 0.05)\sqrt{\frac{V}{n}},\ \bar{x} + t(n-1, 0.05)\sqrt{\frac{V}{n}} \right)$$

ここで,$t(n-1, 0.05)$ は自由度 $n-1$ の t 分布の**両側** 5% です.この $t(n-1, 0.05)$ は巻末の付表 3 の t 表や Excel 関数 tinv により求めることができます.$t(n-1, 0.05)$ のより詳しい意味や付表 3 の見方については章末のコラム 2 で説明します.

区間 ($\triangle\triangle$, $\bigcirc\bigcirc$) において,$\triangle\triangle$ を**信頼下限**,$\bigcirc\bigcirc$ を**信頼上限**とよびます.また,この区間を**信頼区間**とよびます.信頼区間を求めることを「区間推定する」といいます.

例題 5.2 例題 5.1 のデータを用いて,信頼率 95% で母平均 μ を区間推定してみましょう.例題 5.1 より,$n = 10$,$\bar{x} = 51.7$,$V = 4.90$ でした.また,付表 3 の t 表または Excel 関数 tinv(0.05, 9) より $t(10-1, 0.05) = t(9, 0.05) = 2.262$ が求まります.これらを区間推定の計算式に代入すると次のようになります.

$$\left(51.7 - 2.262\sqrt{\frac{4.90}{10}},\ 51.7 + 2.262\sqrt{\frac{4.90}{10}} \right) = (51.7 - 1.6,\ 51.7 + 1.6)$$
$$= (50.1,\ 53.3)$$

さて,信頼率 95% とはどういうことでしょう? 厳密には,データを

取り直して，同じように信頼区間を 100 回作成すれば，そのうちの 95 回程度は計算された区間の中に母平均 μ の真値が含まれているということですが，少し持って回った言い方でわかりにくいですね．言葉の印象どおり，「求めた信頼区間の中に母平均 μ の真値が入っているということを 95% の高い確率で信頼できる」と考えてもらえば OK です．

信頼率を 90% にしたいならば $t(n-1, 0.10)$（例題 5.2 の場合なら $t(10-1, 0.10) = t(9, 0.10) = 1.833$）を用いればよいです．また，信頼率を 80% にしたいならば $t(n-1, 0.20)$（例題 5.2 の場合なら $t(10-1, 0.20) = t(9, 0.20) = 1.383$）を用います．信頼率をいくつにすればよいという決まりはありません．解析者がご自分の分野の慣例などにしたがって自由に決めてかまいません．

信頼率を小さくすると，t 表から求める係数は小さくなります．実際，例題 5.2 の場合を考えると

　　　　信頼率：95% > 90% > 80%

　　　　$\Rightarrow$　$t(9, 0.05) = 2.262 > t(9, 0.10) = 1.833 > t(9, 0.20) = 1.383$

となっています．この係数が小さくなると，信頼区間の区間幅が狭くなります．区間幅が狭いほうがその情報を利用しやすいですから，信頼率を犠牲にする（信頼率を小さくする）ことがあります．先ほどの宴会の費用の例でいうと，「社長が来てくれて全額出してくれると無料の可能性もあるよ．でも，誰かが大暴れして店に損害を与えてしまうと 1 人 10 万円くらい払わないといけないかもしれない」なんていう区間推定をすると，ほぼ確実に（信頼率がほぼ 100% で）真の宴会費用はこの区間に含まれるでしょう．しかし，このような広い区間は情報としてほとんど価値がありません．実質的に意味のある区間幅の信頼区間がほしいのです．

信頼率を下げなくても区間幅を狭くする方法があります．それは，サンプルサイズ n を大きくすることです．でも，サンプルサイズ n を大きくするのはコストも時間もかかるので，難しい場合が多いです．

(3) 母分散 σ^2 の区間推定

「**本書の 3 テーマ**」の「③平均とばらつきの両方を意識する」に述べたとおり，母分散 σ^2 についても区間推定して考察する必要があります．母

分散 σ^2 の信頼率 95% の信頼区間の計算式を以下に示します．

$$\left(\frac{S}{\chi^2(n-1, 0.025)}, \frac{S}{\chi^2(n-1, 0.975)} \right)$$
$$= \left(\frac{n-1}{\chi^2(n-1, 0.025)} \cdot V, \frac{n-1}{\chi^2(n-1, 0.975)} \cdot V \right)$$

ここで，$\chi^2(n-1, 0.025)$ は自由度 $n-1$ の χ^2 分布（カイ 2 乗分布と読みます）の**上側** 2.5% 点，$\chi^2(n-1, 0.975)$ は自由度 $n-1$ の χ^2 分布の**上側** 97.5% 点（**下側** 2.5% 点）です．これらの値は，巻末の付表 4 の χ^2 表または Excel 関数 chiinv により求めることもできます．これらの詳しい意味や付表 4 の見方については章末のコラム 3 で説明します．

上記の母分散 σ^2 の信頼区間の計算式の左辺が多くの統計学の教科書に記載されている式です．$V = S/(n-1)$ より $S = (n-1)V$ となるので，これを左辺に代入すると右辺となります．右辺をわざわざ記載したのは，信頼区間と点推定量との関係を明示したかったからです．母平均 μ の場合には，点推定量 $\bar{x}$ に同じ幅を加減して信頼区間を作成しています．一方，母分散 σ^2 の場合には，点推定量 V に 1 よりも小さい係数と 1 よりも大きい係数を掛けて信頼区間を作成しています．

例題 5.3　例題 5.1 のデータより，信頼率 95% で母分散 σ^2 を区間推定してみましょう．$n = 10$，$V = 4.90$ でした．付表 4 の χ^2 表または Excel 関数 chiinv(0.025, 9)，chiinv(0.975, 9) より，$\chi^2(10-1, 0.025) = \chi^2(9, 0.025) = 19.02$，$\chi^2(10-1, 0.975) = \chi^2(9, 0.975) = 2.70$ が求まります．これらを信頼区間の計算式の右辺に代入すると次のようになります．

$$\left(\frac{10-1}{19.02} \times 4.90, \frac{10-1}{2.70} \times 4.90 \right) = (2.319, 16.33)$$

5.3　検定

検定は，母数について判断するために行います．**統計的仮説検定**ともいいます．

(1) 母平均 μ の検定手順

例題5.1を再度確認してください．改善後のデータより求めた標本平均と標本分散は $\bar{x} = 51.7$, $V = 4.90$ です．$\bar{x}$ の値は従来からの値50より大きいですから，改善効果があるといえそうです．しかし，個々のデータを見ると，10個中7つは50よりも大きいですが，2つは50よりも小さな値です．本当に，改善効果があるといってよいでしょうか？

データより明らかにしたいことは，図5.2に示すような状況になっているかどうかです．従来の母集団分布を点線で表わしています．図5.2では，改善活動後の母平均 μ が従来の母平均50.0よりも大きいですから，改善効果がある状況を示しています．しかし，図5.2では，改善活動後の母集団からデータを採取するとき，少しですが，50.0よりも小さなデータが出現する可能性のあることもわかります．改善効果があるかどうかは，母集団分布の比較，今の場合には母平均の比較によって判定します．

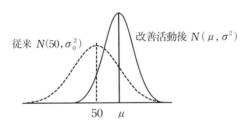

図5.2 データより明らかにしたいこと

図5.2のようになっているか，すなわち，改善活動後の母平均 μ が従来の母平均50.0より大きくなっているかどうかを判定したいのですが，母平均 μ の値は未知ですから，母平均 μ の代わりにその点推定値 $\bar{x} = 51.7$ で代用して判断します．ただし，$\bar{x} = 51.7$ は $n = 10$ 個の数少ないサンプルから得られた値です．誤差があります．額面どおり，その値を信頼することはできません．これは，統計学の言葉を用いると，「$\bar{x} = 51.7$ と50は**有意に異なる？**」，「**有意差がある？**」となります．有意差というのは，誤差を超えた差です．まさに，「**意味の有る差**」です．すなわち，改善効果があると断定できるほどの差です．

有意差があるかどうかを判定するために，次の統計量（**検定統計量**とよ

びます)を計算します．

$$t_0 = \frac{\overline{x} - 50}{\sqrt{\dfrac{V}{n}}} = \frac{51.7 - 50}{\sqrt{\dfrac{4.90}{10}}} = 2.429$$

分子の $(\overline{x} - 50)$ が差を計るための本質的な部分ですが，その大きさが有意であるかどうかを統計学の理論のなかで考えるために $\sqrt{V/n}$ で割って検定統計量としています．さらに，検定では**有意水準**というものを設定します．区間推定の信頼率と同じように，検定の精度を保証する値です．決まりはありませんが，5% と設定することが多いです．有意水準を 5% とすると，今の場合，$t_0 = 2.429 \geq t(n-1, 0.10) = t(9, 0.10) = 1.833$ となるので，「有意である」，「有意差がある」と判定できます．すなわち，「改善効果がある」と判定できます．ここで，$t(n-1, 0.10)$ は **5.2 節**で登場した自由度 $n-1$ の t 分布の**両側** 10% 点(**上側** 5% 点)です．

以上の内容を，手順化してまとめると次のようになります．

■**母平均 μ に関する検定手順**

手順1：帰無仮説 H_0 と対立仮説 H_1 を設定します．ここでは，H_0：$\mu = 50$，H_1：$\mu > 50$ とします．

手順2：有意水準 α を設定します．ここでは $\alpha = 0.05 (= 5\%)$ とします．

手順3：棄却域 $R : t_0 \geq t(n-1, 2\alpha) = t(10-1, 0.10) = t(9, 0.10) = 1.833$ を設定します．H_0 の棄却域です．この棄却域を**図 5.3** に示します．

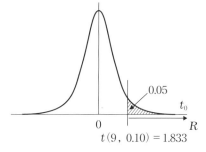

図 5.3　棄却域 $R : t_0 \geq t(9, 0.10)$

> **手順4**：データを採取し，検定統計量 t_0 を計算します．
> $$t_0 = \frac{\overline{x} - 50}{\sqrt{\dfrac{V}{n}}} = \frac{51.7 - 50}{\sqrt{\dfrac{4.90}{10}}} = 2.429$$
>
> **手順5**：検定統計量が棄却域に入るかどうか判定します．$t_0 = 2.429 \geq 1.833$ となり，検定統計量は棄却域に入るので，有意であると判定し，帰無仮説 H_0 を棄却し，対立仮説 H_1 を支持します．すなわち，改善効果があると判断します．

なお，対立仮説は解析目的に応じて $H_1 : \mu > 50$, $H_1 : \mu < 50$, $H_1 : \mu \neq 50$ の3通りのなかから選びます．ここでは，改善効果を検出したいので，$H_1 : \mu > 50$ を選びました．対立仮説がなぜこのように3種類あるのか，それらのなかからどれを選んだらよいのか，対立仮説の選び方により解析手順のどの部分が変化するのかについては，紙面の都合上，本書で詳しく述べることはできません．統計的方法の入門的な教科書(例えば永田(1992))を参照してください．

(2) 検定における2種類の誤り

検定の考え方を再度述べます．

まず，仮説を設定します．帰無仮説 $H_0 : \mu = 50$ は「従来と同じで改善効果がない」を意味し，対立仮説 $H_1 : \mu > 50$ は「改善効果がある」を意味します．$H_0 : \mu = 50$ が正しいとき，検定統計量 t_0 は図 5.3 に概形を描いた t 分布に従います．$H_0 : \mu = 50$ が成り立つときには，μ の点推定量 $\hat{\mu} = \overline{x}$ は $\mu = 50$ の近似値なので $\overline{x} - 50 \approx 0$ となり，$t_0 = \dfrac{\overline{x} - 50}{\sqrt{V/n}}$ は0付近の値をとりやすくなります．しかし，小さな確率ですが，$t_0 \geq t(n-1, 0.10)$ となることも起こります．図 5.3 より，$t_0 \geq t(n-1, 0.10)$ となる確率は 0.05 です．帰無仮説 H_0 が成り立っているときに，検定統計量が棄却域に入り，H_0 を誤って棄却し，対立仮説 H_1 を支持してしまう確率(図 5.3 の場合は 0.05)を有意水準とよびます．「改善効果がないのに，改善効果が

あると判断してしまう確率」です．有意水準 α を **第 1 種の誤り** の確率ともよびます．

次に，対立仮説 $H_1: \mu > 50$ が成り立っている場合を考えましょう．まず，改善後の母平均 μ は 50 よりもすごく大きい(改善効果がすごく大きい)と考えてみてください．そうすると，それを反映して，μ の点推定量 $\hat{\mu} = \bar{x}$ は 50 よりもかなり大きくなります．すなわち，$t_0 = \dfrac{\bar{x} - 50}{\sqrt{V/n}}$ は 0 よりもずっと大きな値となり，図 5.3 の棄却域に入りやすくなります．したがって，帰無仮説「改善効果がない」を棄却して，対立仮説「改善効果がある」と正しく判定しやすくなります．

一方，改善後の母平均 μ が 50 よりもわずかだけ大きい場合はどうでしょう．改善はされていますが大した改善ではないという状況です．このときは，$t_0 = \dfrac{\bar{x} - 50}{\sqrt{V/n}}$ は 0 より大きくなったとしても，棄却域に入るほど大きくはなりにくいでしょう．そうすると，帰無仮説は棄却されにくくなり，改善効果を支持できにくくなります．「改善効果があるのに改善効果がないと判断してしまう」のは正しくない判断なので，**第 2 種の誤り** とよびます．その確率を第 2 種の誤りの確率とよび，β と表します．そして，「改善効果があるときに改善効果を正しく支持できる確率」を **検出力** とよびます．検出力は $1 - \beta$ と表すことができます．

検定に限らず，A か B か二者択一の判断をする場合には，いつも 2 種類の誤りが存在します．「A が正しいのに B だと判断してしまう誤り」と「B が正しいのに A だと判断してしまう誤り」の 2 種類です．検定では，「H_0 が正しいのに H_1 だと判断する誤り」を第 1 種の誤りとよび，そのような誤りを犯す確率を有意水準 α と表し，この値を小さな値(例えば，0.05)となるように設定します．「H_1 が正しいのに H_0 だと判断する誤り」を第 2 種の誤りとよびます．改善効果が大きくなれば，または，サンプルサイズが大きくなれば，第 2 種の誤りの確率 β の値は小さくなり，検出力 $1 - \beta$ は大きくなります．以上の内容を表 5.1 にまとめておきます．

表5.1 検定における2種類の誤り

検定結果	本当に成り立っているのは	
	改善活動後 $N(\mu, \sigma^2)$ 従来 $N(50, \sigma_0^2)$ $\mu = 50$	改善活動後 $N(\mu, \sigma^2)$ 従来 $N(50, \sigma_0^2)$ $50\ \mu$
有意でない	正しい判断 その確率：$1-\alpha$	第2種の誤り その確率：β
有意である	第1種の誤り その確率：α（有意水準）	正しい判断 その確率：$1-\beta$（検出力）

(3) 母分散 σ^2 の検定

母分散 σ^2 に関しても検定をしばしば行います．例えば，従来の母分散の値が 3.0^2 と大きいため，ばらつきを減少させる改善活動を行い，その成果があったかどうかを判定したいときなどに行います．

図5.2を，今度は，母分散の観点から眺めてください．図5.2では，従来の母分散を σ_0^2 と表しています．図5.2では，従来の母分散 σ_0^2 よりも改善後の母分散 σ^2 が小さくなっていますから，母分散についても改善効果があることを示しています．

改善後のデータより標本分散 V を計算し，従来の母分散 σ_0^2 との間に有意差があるかどうかを検討します．母分散の検定の場合には，差ではなくて，比の形式で検定統計量を計算します．計算式や棄却域の形（χ^2分布を用います）は母平均の検定の場合と異なりますが，考え方や用語などはすべて同じです．

母分散 σ^2 に関する検定の内容を，例題5.1のデータにもとづいて手順化してまとめると次のようになります．ここでは，従来の母分散は $\sigma_0^2 = 3.0^2$ としています．

■母分散 σ^2 に関する検定手順

手順1：帰無仮説 H_0 と対立仮説 H_1 を設定します．ここでは，H_0：$\sigma^2 = 3.0^2$，H_1：$\sigma^2 < 3.0^2$ とします．

手順2：有意水準 α を設定します．ここでは $\alpha = 0.05(=5\%)$ とします．

手順3：棄却域 R：$\chi_0^2 \leq \chi^2(n-1, 1-\alpha) = \chi^2(10-1, 0.95) = \chi^2(9, 0.95) = 3.33$ を設定します．H_0 の棄却域です．この棄却域を図5.4に示します．

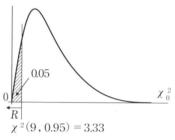

図5.4　棄却域 R：$\chi_0^2 \leq \chi^2(9, 0.95)$

手順4：データを採取し，検定統計量 χ_0^2 を計算します．

$$\chi_0^2 = \frac{S}{3.0^2} = \frac{(n-1)V}{3.0^2} = \frac{(10-1) \times 4.90}{3.0^2} = 4.90$$

手順5：検定統計量が棄却域に入るかどうか判定します．$\chi_0^2 = 4.90 > 3.33$ となり，検定統計量は棄却域に入りません．したがって，有意でないと判定し，帰無仮説を棄却できず，対立仮説を支持できません．すなわち，ばらつきについては改善効果があるとはいえないと考えます．

上記の検定手順と解析例についていくつか注意点を述べておきます．

まず，手順4において，検定統計量 $\chi_0^2 = S/3.0^2$ は平方和と従来の母分散の値 3.0^2 との比になっています．多くの統計的方法の入門書ではこの形

式で検定統計量が記載されています．本書では，母分散 σ^2 の区間推定の場合と同様，$V = S/(n-1)$ より $S = (n-1)V$ となるので，これを代入して $\chi_0^2 = S/3.0^2 = (n-1)V/3.0^2$ と追記しました．これを見ると，検定統計量では，新たな工程からのデータにもとづく標本分散 V と従来の母分散 3.0^2 の比をとって比較していることがわかります．検定統計量を計算する際，カイ2乗分布に関連させるために $(n-1)$ を掛けているのだと考えてください．

2番目の注意点です．検定における2種類の誤りのところでも述べたように，検定統計量が棄却域に入ったときには，有意差があると判定し，帰無仮説を棄却し，対立仮説を支持します．少ないサンプルサイズにもかかわらず有意差が認められれば，それは帰無仮説を棄却できるだけの十分な証拠になるわけです．一方，すぐ上の解析例では，検定統計量が棄却域に入りませんでした．標本分散 $V = 4.90 = 2.21^2$ は従来の母分散 3.0^2 と比べて，見た目は（点推定量では）小さいです．しかし，サンプルサイズ $n = 10$ を勘案すると，この程度の小ささでは「改善効果があった」と考えるには十分な証拠にはなりません．だからといって，帰無仮説 $H_0: \sigma^2 = 3.0^2$ が成り立っているとも断定できません．有意差がないときには，証拠不十分，ペンディングとなります．このあたりの解釈が，初学者にとって統計的検定のわかりにくいところです．

なお，母平均 μ の検定の場合と同様に，母分散 σ^2 の検定においても，対立仮説は解析目標に応じて $H_1: \sigma^2 > 3.0^2$，$H_1: \sigma^2 < 3.0^2$，$H_1: \sigma^2 \neq 3.0^2$ の3通りのなかから選びます．ここでは，改善効果を検出したいので，$H_1: \sigma^2 < 3.0^2$ を選びました．

5.4　2つの母数の比較

推定と検定の手法はいろいろあると述べました．5.3節までは1つの母数の推定と検定の方法について述べました．その考え方を拡張して，2つの母数についての推定と検定の手法もあります．

「**本書の3テーマ**」で「②層別を検討する」がありました．層別は，複数の母集団を考えて比較することです．層別して2つの母集団を想定し，

それぞれの母集団分布として $N(\mu_1, \sigma_1^2)$, $N(\mu_2, \sigma_2^2)$ を考えましょう。このとき，「μ_1 と μ_2 との比較」や「σ_1^2 と σ_2^2 との比較」に興味があります．例えば，2つの製造機で同じ部品を作成しているとき，「2つの製造機により強度の母平均に違いがあるか」とか「2つの製造機により強度のばらつきに違いがあるか」などを検討したい場合があります．母数の値は未知ですから，それぞれの母集団から採取したデータから点推定量を計算し，「$\hat{\mu}_1 = \bar{x}_1$ と $\hat{\mu}_2 = \bar{x}_2$ に有意差があるか」や「$\hat{\sigma}_1^2 = V_1$ と $\hat{\sigma}_2^2 = V_2$ に有意差があるか」などを検討します．

このようなさまざまな状況に対応できるようにいろいろな推定と検定の手法があります．詳細は統計的方法の入門書を参照してください．

■コラム2：t 表の見方

巻末の「付表3　t 表」の見方を述べます．

まず，**t 分布**について説明します．$x_1, x_2, \cdots, x_n$ が互いに独立に正規分布 $N(\mu, \sigma^2)$ に従うとします．$x_1, x_2, \cdots, x_n$ から求めた標本平均 $\bar{x}$ と標本分散 V にもとづいて，$t = \dfrac{\bar{x} - \mu}{\sqrt{V/n}}$ という量を考えたとき，この t が従う確率分布を自由度 $\phi = n - 1$ の t 分布とよびます（ϕ はファイと読みます）．

「付表3　t 表」は，自由度 ϕ（表の左端の列）と確率 P（表の一番上の行）を選んで，図 5.5 の関係を満たす $t(\phi, P)$ を求める表です．

$t(\phi, P)$ を**両側** $100P$% 点とよびます．図 5.5 において，左側の確率 $P/2$ と右側の確率 $P/2$ の両側を合わせると P になるので「両側」という言葉を使います．t 分布は 0 を中心にして左右対称なので，図 5.5 で右側の $P/2$ に対応する値が $t(\phi, P)$ であるなら，左側の $P/2$ に対応する値は $-t(\phi, P)$ となります．

本文の例に沿って，具体例を図 5.6 に図示しておきます．

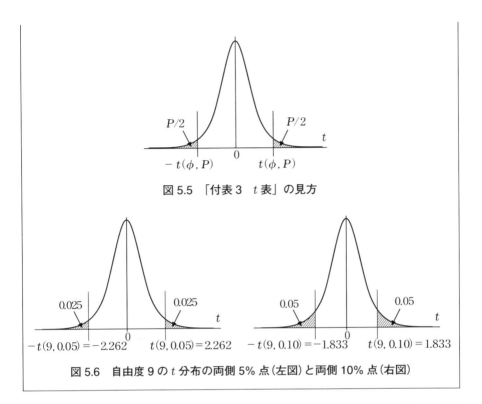

図 5.5 「付表 3　t 表」の見方

図 5.6　自由度 9 の t 分布の両側 5% 点（左図）と両側 10% 点（右図）

■**コラム 3：χ^2 表の見方**

巻末の「付表 4　χ^2 表」の見方を述べます．

χ^2 **分布**（カイ 2 乗分布）について説明します．$x_1, x_2, \cdots, x_n$ が互いに独立に正規分布 $N(\mu, \sigma^2)$ に従うとします．$x_1, x_2, \cdots, x_n$ から求めた平方和にもとづいて，$\chi^2 = S/\sigma^2$ という量を考えたとき，この χ^2 が従う確率分布を自由度 $\phi = n-1$ の χ^2 分布とよびます．

「付表 4　χ^2 表」は，自由度 ϕ と確率 P を選んで，図 5.7 の関係を満たす $\chi^2(\phi, P)$ を求める表です．$\chi^2(\phi, P)$ を**上側** $100P\%$ **点**とよびます．図 5.7 からわかるように，χ^2 分布は，正の値だけをとり，左右対称でもありません．したがって，t 分布とは異なり，上側 $100P\%$ 点と下側 $100P\%$ 点は別々に表から求めます．図 5.8 に示すように，下側 $100P\%$ は上側 $100(1-P)\%$ と考えることができます．

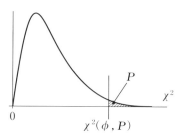

図 5.7 「付表 4 χ^2 表」の見方

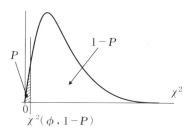

図 5.8 下側 $100P$% 点 ＝ 上側 $100(1-P)$% 点

本文の例に沿って，具体例を**図 5.9** に図示しておきます．

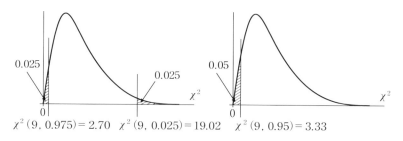

図 5.9 自由度 9 の χ^2 分布の下側 2.5% 点，上側 2.5% 点，下側 5% 点

演習問題 5

以下の文章で，正しいものには○，間違っているものには×をつけてください．

① 母分散を点推定するとき，$\sigma^2 = V$ と表記する．[　　　]
② サンプルサイズを大きくすると点推定量が真値に近づくという性質を3シグマルールとよぶ．[　　　]
③ 信頼率を大きくすると信頼区間は狭くなる．[　　　]
④ サンプルサイズを大きくすると信頼区間は狭くなる．[　　　]
⑤ 母平均の信頼区間の中点は点推定値と一致する．[　　　]
⑥ 信頼区間は広いほど情報として価値がある．[　　　]
⑦ 有意水準は，通常，0.05 などの小さな値に設定する．[　　　]
⑧ 検定では2種類の誤りが存在する．[　　　]
⑨ 「対立仮説 H_1 が正しいときに帰無仮説 H_0 を棄却しない誤り」を第1種の誤りとよぶ．[　　　]
⑩ 「有意である」と「帰無仮説 H_0 が成り立っている」は同じ意味である．[　　　]

第 6 章

実験計画法の考え方

「**本書の3テーマ**」は次のとおりでした．
① 異常を検討する．
② 層別を検討する．
③ 平均とばらつきの両方を意識する．

最終章の第6章では，**実験計画法**の考え方を解説します．実験計画法にはさまざまな手法がありますが，ここでは，基本的な考え方を述べたいと思います．

6.1 層別の落とし穴

「**本書の3テーマ**」の「②層別を検討する」に沿って，本書では，たびたび層別の意義や効用について述べてきました．その際，どちらかというと**事後的な**層別を考えてきました．事後的というのは「データを採取した後」という意味です．ヒストグラムや散布図から層別の必要性が示唆される場合があります．グラフから示唆されなくても，記録されている内容から，機械別，原料納入会社別，作業者別，天気別，温度別，曜日別，昼夜別など，さまざまな**層別因子**にもとづいて層別を試み，要因分析を行うことが望まれます．

しかし，層別してうまく違いが見い出せたとしても，それでOKということは必ずしもありません．例えば，**表6.1**に示す簡単なデータで考えて

表 6.1 データと層別因子

データ	会社 A	作業者 B	製造機 C
51	A1	B1	C1
57	A1	B2	C2
48	A1	B1	C1
52	A1	B2	C2
48	A2	B1	C1
54	A2	B2	C2
53	A2	B1	C1
54	A2	B2	C2

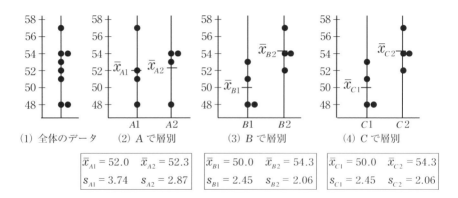

(1) 全体のデータ　(2) A で層別　(3) B で層別　(4) C で層別

$\bar{x}_{A1} = 52.0$　$\bar{x}_{A2} = 52.3$　$\bar{x}_{B1} = 50.0$　$\bar{x}_{B2} = 54.3$　$\bar{x}_{C1} = 50.0$　$\bar{x}_{C2} = 54.3$
$s_{A1} = 3.74$　$s_{A2} = 2.87$　$s_{B1} = 2.45$　$s_{B2} = 2.06$　$s_{C1} = 2.45$　$s_{C2} = 2.06$

図 6.1　表 6.1 の全体のデータと層別したデータ

みましょう．表 6.1 には，部品 Q の強度のデータと，そのデータに関連する層別因子として原料納入会社（2 社，A1 社と A2 社），作業者（2 人，B1 と B2），製造機（2 台，C1 と C2）が記載されています．

表 6.1 のすべてのデータを図 6.1(1) に示しました．次に，原料納入会社別（A1，A2），作業者別（B1，B2），製造機別（C1，C2）に層別した結果を図 6.1(2)(3)(4) に示しました．さらに，層別したデータにもとづいて平均と標準偏差を計算した結果も記載しています．

図 6.1(2) より，原料納入会社で層別しても違いはあまりないようです．一方，図 6.1(3)(4) より，作業者で層別した場合と製造機で層別した場合

には，平均がかなり異なります．作業者は $B2$ のとき，製造機は $C2$ のときに強度が高くなっています．しかし，**表 6.1** のデータを再度よく観察してみてください．**表 6.1** のデータでは，作業者が $B1$ のときに製造機は $C1$，作業者が $B2$ のときに製造機が $C2$ となっています．つまり，作業者の区別と製造機の区別が完全に重なっています．したがって，層別後のグラフ，層別後の平均や標準偏差も，作業者と製造機のそれぞれの場合で同じになっています．これでは，層別して違いを見い出せても，それが作業者による違いなのか，製造機による違いなのか，その両方なのかはっきりしません．もし，製造機のデータが観測されていなかったとしたら，本当は製造機による影響があり，作業者の違いによる影響はなかったとしても，作業者の違いだと誤認されてしまいます．これではまずいです．

6.2　実験計画法の必要性

6.1 節で述べた点は重要なので，同じ数値例を用いて，もう少し詳しく説明を続けます．**表 6.1** のデータを**表 6.2** のように整理します．

これを BC 二元表とよびます．**表 6.1**，**表 6.2** では，$B1C2$ と $B2C1$ の組合せでデータが存在しません．したがって，作業者 (B) と製造機 (C) の効果の区別がつかないのです．この現象を「因子 B と因子 C が交絡している」といいます．

表 6.2　BC 二元表

	C1	C2
B1	51 48 48 53	表 6.1 で観測されていない
B2	表 6.1 で観測されていない	57 52 54 54

ここで,表 6.1 や表 6.2 で観測されていない $B1C2$ と $B2C1$ の組合せでデータが観測されたと仮想してみます.いくつかの典型的なパターンを表 6.3(1)(2)(3) に示します.「*観測されたと仮想したデータ*」を***太字の斜体***で表示します.また,表 6.3(1)(2)(3) において B と C の各組合せで平均を求めた結果を表 6.4(1)(2)(3) に示します.さらに,表 6.3 と表 6.4 を図 6.2(1)(2)(3) にグラフ化します.

表 6.3 表 6.2 に仮想データを加えた 3 つのパターン

(1)

	C1	C2
B1	51	*57*
	48	*52*
	48	*54*
	53	*54*
B2	*51*	57
	48	52
	48	54
	53	54

(2)

	C1	C2
B1	51	*51*
	48	*48*
	48	*48*
	53	*53*
B2	*57*	57
	52	52
	54	54
	54	54

(3)

	C1	C2
B1	51	*57*
	48	*52*
	48	*54*
	53	*54*
B2	*57*	57
	52	52
	54	54
	54	54

表 6.4 表 6.3 における各組合せでの平均

(1)

	C1	C2
B1	50.0	*54.3*
B2	*50.0*	54.3

(2)

	C1	C2
B1	50.0	*50.0*
B2	*54.3*	54.3

(3)

	C1	C2
B1	50.0	*54.3*
B2	*54.3*	54.3

図 6.2(1) では,$C1$,$C2$ と変化させたときの $B1$ の平均の線(表 6.4(1) に示した $B1C1$ での平均と $B1C2$ での平均を結んだ線)と $B2$ の平均の線(表 6.4(1) に示した $B2C1$ での平均と $B2C2$ での平均を結んだ線)が重なっています.これは,作業者 $B1$,$B2$ による違いはなく,製造機 $C1$,$C2$ による違いがあることを意味しています.次に,図 6.2(2) では,$B1$ の平均の線と $B2$ の平均の線がともに水平になっていて,上下に差があります.すなわち,製造機による違いはなく,作業者による違いだけがあり,$B2$ の

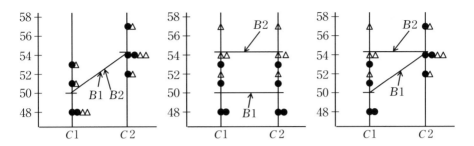

(1) 表6.3(1)のグラフ化　(2) 表6.3(2)のグラフ化　(3) 表6.3(3)のグラフ化

図6.2　表6.3のグラフ化（●：$B1$，△：$B2$）

強度が高くなっています．そして，図 6.2(3) では，$B1C1$ の組合せのときだけに強度が低くなっています．製造機が $C1$ のときには作業者 $B1$ による部品の強度が落ちることを意味します．表 6.1 のデータだけからでは，図 6.2 の 3 つのどのパターンが該当するのかはわかりません．さらに他のパターンもありえます．

　表 6.1 のデータはサンプルサイズが少なく，極端な例です．しかし，このような可能性・危険性を知っておくことは大切です．層別で顕著な結果を見い出せたとしても，そこで終わらせると上に述べたような交絡の危険性が残ります．

　それでは，どうすればよいかというと，層別で得た知見を確認するために実験を実施することが望ましいです．表 6.3 のように $B1 \cdot B2$ と $C1 \cdot C2$ のすべての組合せで実験データを採取し，図 6.2 のようなパターンを考察することが考えられます．

　ただ，そのような実験を行うにしても，作業者・製造機以外の要因が背後に隠れているかもしれません．それらの別の要因の影響が交絡してくる心配があります．そこで，作業者・製造機以外の要因はできるだけ一定に保ったままで実験を行います．しかし，一定にできないものはあるでしょうし，影響があるかもしれない要因自体に気が付いていない場合もあるでしょう．そのための対処法として，実験を**ランダムに決めた順序**で行います．"ランダムに"というのは「いい加減に」という意味ではなくて，「どの実験が何番目に実施されるのかが同じ確率になるように乱数やくじなど

を用いて決める」という意味です．実験順序のランダム化により，取り上げている要因以外に強度に影響するものがあったとしても，その影響がBとCの各水準組合せに確率的に平等に含まれることになり，BとCに関する公平な比較が可能になります．

実験順序のランダム化は簡単ではありません．いきあたりばったりでデータをとるのではなく，事前にきちっと**実験の計画**を立てなければなりません．だから，実験計画法なのです．

6.3 事前的な層別

6.2 節では，事後的な(データをとった後の)層別を試みて知見が得られたら，確認のための実験の実施が望ましいと述べました．

一方，**事前**(データをとる前)に層別をして実験する場合があります．実際，実験計画法を活用するのはこちらの場合のほうが多いです．特性要因図などから**特性**(上記の例では強度)に影響していそうな**因子**を選び，その**水準**をふって実験を実施します．なんらかの条件を変えると結果が異なるかどうかを調べようというわけです．このような発想はとても常識的です．ただし，実験を行う際，条件を変えて効果を調べようとしている因子にほかの要因が交絡しないように，ランダムな順序で実験するところがポイントです．

水準をふった(実験条件を変えた)とき，各水準(各条件)に母集団が1つ対応すると考えます．したがって，水準をふることは，層別することにほかなりません．データをとる前に(事前に)層別を行うことになります．それが実験計画法です．

水準をふる因子が1種類の場合の実験計画法を**一元配置実験**とか**一元配置法**とよびます．水準をふる因子が2種類の場合の実験を**二元配置実験**とか**二元配置法**とよびます．表 6.3 の各 (1) (2) (3) は2つの因子 B と C を取り上げて水準をふっていますから，二元配置実験に該当します．因子を3種類以上取り上げた場合を**多元配置実験**とか**多元配置法**とよびます．

6.4 一元配置法

　実験計画法には，**実験を計画するステージ**と，得られた**データを解析する**ステージの2つがあります．本節では，実験計画法のさまざまな手法のなかで一番ベーシックな一元配置法について解説します．次の例を考えていくことにします．

　部品 Q の強度の向上を検討するため，添加剤の種類を因子として取り上げました．添加剤の種類を4水準ふり（4通りの添加剤を比べる），A1，A2, A3, A4 と設定し，各添加剤を用いて3回ずつ実験を繰り返し，強度を測定します．

　この実験では $4 \times 3 = 12$ 回の実験を実施します．これまでに述べたように，12回の実験をランダムな順序で行わなければなりません．もし，A1（3回）$\Rightarrow$ A2（3回）$\Rightarrow$ A3（3回）$\Rightarrow$ A4（3回）という順序で実験したならどのような問題があるでしょうか？　しだいに実験作業が上手になっていくとか，しだいに製造機が安定していくとかなど，添加剤とは関係のない要因が実験結果に影響を与えるかもしれません．そして，その影響が A1 $\Rightarrow$ A2 $\Rightarrow$ A3 $\Rightarrow$ A4 の順序と同じパターンになってしまうと交絡となります．したがって，そのような要因があったとしても，その影響が A1〜A4 の各水準に確率的に平等に含まれるようにするために，実験順序をランダムに決める必要があります．

　それでは，具体的に実験順序をランダムに決めてみましょう．表 6.5(1) に本実験の実験 No. を表示します．カードを12枚準備し，No.1〜12 までの番号を一つずつ書き込みます．この12枚のカードをよくシャッフルした後に1枚ずつ取り出したカードに記載されている実験 No. の順序で実

表 6.5　実験順序のランダム化

(1) カードに記入する実験 No.

繰り返し	A1	A2	A3	A4
	No.1	No.4	No.7	No.10
	No.2	No.5	No.8	No.11
	No.3	No.6	No.9	No.12

(2) 実験順序

繰り返し	A1	A2	A3	A4
	4	6	5	2
	12	11	3	1
	8	9	7	10

験を実施します．よくシャッフルしているので，ランダムに実験順序を決めたことになります．このように決めた実験順序の一例を表 6.5(2) に示します．なお，各水準（各添加剤）で1回だけ実験をして3回続けて測定するのではありません．各添加剤の種類で，実験そのものを3回ずつ実施することに注意してください．

ここまでが実験計画のステージです．そして，以下が解析のステージです．

上記のようにランダムな順序で実験を実施して得られた強度のデータを表 6.6 に示します．表 6.6 には，水準ごとに求めた合計と平均の値も付記しています．さらに，表 6.6 のデータを図 6.3 にグラフ化します．

表 6.6　強度のデータ

	$A1$	$A2$	$A3$	$A4$
繰り返し	52	53	58	53
	50	56	58	51
	54	53	55	49
合計 T_{Ai}	156	162	171	153
平均 $\bar{x}_{Ai}$	52.0	54.0	57.0	51.0

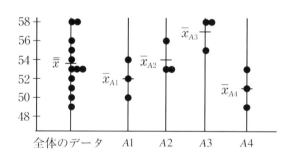

図 6.3　表 6.6 のデータのグラフ化

図 6.3 には，各水準におけるデータのプロットのほかに，すべてのデータを集めたプロットも記載しています．12個すべてのデータの平均を $\bar{\bar{x}}$（エックス・バー・バーと読みます）と表しています．これは，次のように計算します．

$$\bar{\bar{x}} = \frac{総合計}{全データ数} = \frac{156 + 162 + 171 + 153}{12} = 53.5$$

図 6.3 の A の各水準でのデータのプロットを見ると，異常値はなさそうです．次に，全体のデータのプロットを見ると，データは最小値 49 から最大値 58 まで大きくばらついています．このばらつきの大きさは，第 1 章で紹介した平方和と分散の計算式を用いて次のように評価できます．全体のデータから求めた平方和なので，T（Total の意味）の添え字を付けています．

$$S_T = 52^2 + 50^2 + 54^2 + 53^2 + \cdots + 51^2 + 49^2$$
$$- \frac{(52 + 50 + 54 + 53 + \cdots + 51 + 49)^2}{12}$$
$$= 91.0$$

$$V_T = \frac{S_T}{\phi_T} = \frac{91.0}{12 - 1} = 8.27 \quad (\phi_T = 12 - 1 = 11)$$

分散の計算式の分母を自由度とよびました．ϕ はギリシャ文字でファイと読みます．

さて，全体のデータは大きくばらついています．なぜでしょう？ それは，因子 A の水準（添加剤の種類）が異なることにより，$A1$ 水準や $A4$ 水準ではデータは低めとなっており，$A2$ 水準や $A3$ 水準では高めになっているからだと考えられます．この水準による違いこそが実験で見い出したかったものです．

$A1 \sim A4$ までの水準の違いによる効果は次のように評価します．各水準には 3 つずつデータがありますが，その 3 つのデータを各水準の平均値に置き換えます．そうすると，表 6.7 のようになります．これは，もし誤差がなかったとしたら，各水準での 3 つのデータは同じ値になると考えた

表 6.7　表 6.6 の各データを水準平均に置換え

	A1	A2	A3	A4
繰り返し	52.0	54.0	57.0	51.0
	52.0	54.0	57.0	51.0
	52.0	54.0	57.0	51.0

ものです．そこで，表 6.7 のデータを全データと考えて，先ほどと同様に平方和や分散を求めます．A の水準の違いによる効果を表すので平方和や分散には A という添え字を付けます．

$$S_A = 52.0^2 + 52.0^2 + \cdots + 51.0^2 - \frac{(52.0 + 52.0 + \cdots + 51.0)^2}{12} = 63.0$$

$$V_A = \frac{S_A}{\phi_A} = \frac{63.0}{4-1} = 21.0 \quad (\phi_A = 4 - 1 = 3)$$

ここで，V_A の分母の自由度が $\phi_A = (A$ の水準数$) - 1 = 4 - 1 = 3$ となっていることに注意してください．第 1 章で自由度について説明しました．その説明の趣旨に沿って述べると次のようになります．表 6.7 において異なる値は 4 種類です．しかし，それらから全体の平均 $\bar{x} = 53.5$ を引いた偏差の和は次のように 0 になります．

$$(52.0 - 53.5) + (54.0 - 53.5) + (57.0 - 53.5) + (51.0 - 53.5) = 0$$

したがって，4 つの情報から上の制約式の情報 1 つ分を引いて自由度は $\phi_A = 4 - 1 = 3$ と考えます．すなわち，因子の効果の自由度は「水準数 − 1」という公式が成り立ちます．

さて，全体のデータの平方和(**全変動**)は $S_T = 91.0$ です．一方，A の水準を変化させたときの A の平方和(**A 間変動**)は $S_A = 63.0$ です．両者の差は何でしょうか？ $S_A = 63.0$ の計算では，A の各水準の 3 つのデータは同じと考えていました．しかし，実際は，A の同じ水準内でもデータはばらついています．例えば A1 水準については，誤差がないなら表 6.7 に示したように 3 つの値は同じになり 52.0, 52.0, 52.0 と考えていますが，実際には誤差があるので表 6.6 の A1 水準の 3 つの実データは 52, 50, 54 となっています．全変動 $S_T = 91.0$ は A 間変動にこの誤差の変動も加えた量になります．したがって，2 つの平方和の差は**誤差平方和** S_E を表します．誤差(Error)なので，E の添え字を付けています．

$$S_E = S_T - S_A = 91.0 - 63.0 = 28.0$$

統計的方法では，1 つの平方和に 1 つの自由度が対応します．そして，一般に，平方和と同じ計算が自由度に対しても成り立ちます．つまり，誤差平方和 S_E にも**誤差自由度** ϕ_E が対応し，自由度に関して上記の平方和

の計算と同じ形式の次の計算が成り立ちます.
$$\phi_E = \phi_T - \phi_A = 11 - 3 = 8$$
以上より,誤差の分散を次のように求めます.
$$V_E = \frac{S_E}{\phi_E} = \frac{28.0}{8} = 3.50 \quad (\phi_E = 8)$$

ここで求めた V_A は A の効果(A の水準変化による影響)の大きさを表し,V_E は誤差の大きさを表します.両者に**有意差**があるかどうか,すなわち,V_A が V_E より十分大きいかどうかを**検定**します.検定の方法は,両者の比 $F_0 = V_A/V_E$(分散比)を求め,これが1より十分に大きいかどうかを検討します.その際,F 分布の数値表より求めた値($F(\phi_A, \phi_E ; 0.05) = F(3, 8 ; 0.05) = 4.07$)より大きければ,有意であり,$A$ の効果がある(添加剤の種類を変更することにより強度に違いがある)と判定します.F 分布の数値表(F 表)の見方については章末のコラム4で説明します.Excel 関数の Finv を用いることもできます.

以上の内容を,**表 6.8** に示した**分散分析表**というコンパクトな表にまとめます.

表 6.8 分散分析表

要因	平方和	自由度	分散(平均平方)	分散比
A	$S_A = 63.0$	$\phi_A = 3$	$V_A = 21.0$	$F_0 = V_A/V_E = 6.00^*$
E	$S_E = 28.0$	$\phi_E = 8$	$V_E = 3.50$	
T	$S_T = 91.0$	$\phi_T = 11$		

実験計画法では,分散分析表に記載する分散を「**平均平方**」ともよびます.平方和を自由度で割って平均化しているからです.

先に,$V_T = S_T/\phi_T = 91.0/11 = 8.27$ を求めましたが,分散分析表ではこれに対応する部分は記載しないで空欄にしておきます.また,**表 6.8** は分散分析表という「表」なので,平方和や自由度のそれぞれの合計が計 T の欄になっています.

分散比の値 $F_0 = V_A/V_E = 6.00$ は F 分布の数値表(F 表)より求めた $F(\phi_A, \phi_E ; 0.05) = F(3, 8 ; 0.05) = 4.07$ より大きいので有意水準5%で有意であり,A の効果があると判定します.有意であるときには,分散比

の数値の右上に＊(星またはアスタリスクと読みます)を付けます．

　分散分析表の計算の後，最適水準の決定や，最適水準での母平均の点推定・区間推定などの解析が続きますが，その詳しい内容は実験計画法の教科書に譲ります．ただ，これらの計算方法の基本の部分は**第5章**で述べた母平均の推定の内容とほぼ同じです．

6.5　実験計画法の広がり

　実験計画法の標準的な教科書では，6.4節で述べた一元配置法に続き，二元配置法が解説されます．**表6.3**のようなデータを得るための実験計画と得られたデータの解析方法です．2つの因子を同時に取り上げると**交互作用**という概念が生じます．それは，2つの因子のある水準組合せで特別に現れる効果です．**図6.2**(1)(2)では交互作用はありませんが，**図6.2**(3)では交互作用が存在します．

　二元配置法の次は多元配置法です．改善活動の初期段階では，数多くの因子が候補に挙げられます．したがって，多元配置法を適用したい場合は多いです．しかし，多元配置法では，すべての因子の水準組合せで実験をランダムな順序で行わなければならないので，実験の実施が困難になります．そこで，2つの方向の工夫が必要になります．1つめの工夫は，実験回数を減少させることです．このためには**直交表**を用います．直交表を用いた実験は，改善活動や研究の効率性を高めます．2つめの工夫は，ランダムな順序で行うことの緩和です．**分割法**を用いると，実験がやりやすくなったり，実験資材の削減になったりします．

　このように，実験計画法には，多くの手法が存在します．一方で，平方和の計算や自由度の公式など，6.4節で述べた内容は多くの手法で共通しています．たくさんの計算式が出てきて難しそうなイメージをもたれる方もおられますが，その共通部分を意識されれば理解が進むと思います．

■コラム4：F 表の見方

巻末の「付表5　F 表」の見方を述べます．

各水準におけるデータがすべて同じ正規分布に従うとき，分散比 $F_0 = V_A/V_E$ は自由度 (ϕ_A, ϕ_E) の F 分布に従います．F 分布には自由度が2つあります．分散比を計算する際の分子 V_A の自由度が第1自由度 ϕ_A，分母 V_E の自由度が第2自由度 ϕ_E です．

「付表5　F 表」は，自由度 (ϕ_1, ϕ_2) と確率 P を選んで，図6.4 の関係を満たす $F(\phi_1, \phi_2; P)$ を求める表です．$F(\phi_1, \phi_2; P)$ を**上側 100P% 点**とよびます．F 分布も，χ^2 分布と同様，正の値だけをとり，左右対称でもありません．

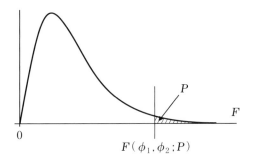

図6.4　「付表5　F 表」の見方

F 分布には自由度が2つあるので，横軸を第1自由度(分子の自由度) ϕ_1 とし，縦軸を第2自由度(分母の自由度) ϕ_2 として F 表を構成しています．したがって，確率 P の値ごとに1ページ分の付表が必要です．付表5では P = 0.05 の場合(細字)と P = 0.01 の場合(太字)の $F(\phi_1, \phi_2; P)$ を並べて記載しています．多くの教科書では，P = 0.10, 0.025, 0.005 などに対応する $F(\phi_1, \phi_2; P)$ の値の付表も添付されています．一方，下側 100P% 点 (= 上側 100(1 − P)% 点) は，次の公式より求めます．

$$F(\phi_1, \phi_2; 1-P) = \frac{1}{F(\phi_2, \phi_1; P)}$$

右辺と左辺を比べて,「自由度の順序が逆」「逆数をとっている」「$(1-P)$ が P になっている」に注意してください.この関係を図 6.5 に示します.

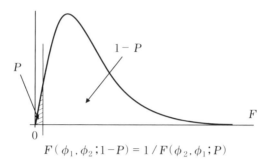

$$F(\phi_1, \phi_2; 1-P) = 1/F(\phi_2, \phi_1; P)$$

図 6.5　下側 $100P\%$ 点＝上側 $100(1-P)\%$ 点

本文の例に沿って,具体例を図 6.6 に図示しておきます.実験計画法の分散分析では,下側 5% の値は必要としませんが,上記の公式の使い方を例示しておくため図 6.6 に追記します.付表 5 において,横軸が第 1 自由度,縦軸が第 2 自由度,細字が上側 5% 点,太字が上側 1% であることを再度注意してください.

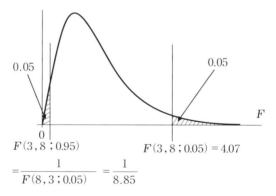

図 6.6　自由度 $(3,8)$ の F 分布の下側 5% 点と上側 5% 点

演習問題 6

以下の文章で，正しいものには〇，間違っているものには×をつけてください．

① 層別して違いが見い出されれば，層別した因子が原因だと断定できる．[　　]
② ランダムな順序で実験をするとは，実施しやすい順序で実験することである．[　　]
③ 因子の水準をふることは，実験条件を変更することを意味する．[　　]
④ 各水準に母集団が 1 つ対応すると考える．[　　]
⑤ 因子 A を 5 水準設定し，各水準で 4 回の実験を行ったとき，因子 A の自由度は $\phi_A = 4$ である．[　　]
⑥ 因子 A を 5 水準設定し，各水準で 4 回の実験を行ったとき，誤差の自由度は $\phi_E = 16$ である．[　　]
⑦ 一元配置法の解析結果では $V_T = V_A + V_E$ が成り立つ．[　　]
⑧ 分散分析表で記載される分散比 V_A/V_E が有意であるかどうか判定する際には，t 分布表を用いる．[　　]
⑨ 2 つの因子のある水準組合せで生じる特別な効果を交互作用とよぶ．[　　]
⑩ 分散分析表の分散比の数値に＊印がないときには，その要因は 5% 有意ではないことを意味する．[　　]

演習問題の解答

演習問題1 の解答

① ×（1.1節の後半に述べたように，規格外れは不良．不良と異常は必ずしも一致しない）
② ○
③ ×（小さいほうから50番目と51番目のデータの平均）
④ ×（例えば，1, 2, 6というデータを考えると，メディアンは2だが，平均は(1+2+6)/3=3になる）
⑤ ×（箱の左端は25%点，箱の右端は75%点なので，箱の中に収まるデータは全体の50%になる）
⑥ ○
⑦ ○
⑧ ×（2つの箱ひげ図が同じ形状でも，一方のヒストグラムは一山型，他方は二山型になり，ヒストグラムの形状が異なることがある）
⑨ ×（平均の単位はデータと同じだが，分散はデータの2乗の単位をもつ）
⑩ ○

演習問題2 の解答

① ×（図2.5(4)の場合には，散布図で異常なデータがあるが，xとyのどちらの箱ひげ図でも異常を示していない）
② ○
③ ×（図2.7(2)の場合には，異常値を取り除くと相関係数は小さくなる）
④ ×（図2.8(2)の場合には，層別した各層で相関がないが，全体では相関がある）
⑤ ×（図2.8(2)の場合には，全体で相関があるが，層別した各層では相関がない）
⑥ ○

⑦ ×(x と y の相関係数は -1 になる)
⑧ ×(相関係数の値が 0 に近いほど，相関は弱いという)
⑨ ○
⑩ ○

演習問題3 の解答
① ○
② ×(いろいろな確率分布があるので，いつも正規分布を想定できるわけではない)
③ ○
④ ○
⑤ ×(標準化したものは標準正規分布 $N(0, 1^2)$ に従う)
⑥ ○
⑦ ×(図 3.3 の上図に示したように，$x \geq \mu + 3\sigma$ となる確率は 0.0013 である)
⑧ ×(図 3.11 に示したように，ばらつき，すなわち，母分散が異なる場合もある)
⑨ ○
⑩ ×(母分散が小さいほうが山は高くなる)

演習問題4 の解答
① ○
② ×(R 管理図から先に考察する)
③ ×(群と母集団は同じ概念である)
④ ×(R 管理図には群内のばらつきしか反映されない)
⑤ ○
⑥ ×(ばらつきは一定と考えるが，平均の情報はわからない)
⑦ ×(ハンティング現象を起こすのでよくない)
⑧ ×(母集団を考慮して設定すべきである)
⑨ ○
⑩ ×(まず，解析用管理図を描き考察する)

演習問題5 の解答

① ×（$\hat{\sigma}^2 = V$ とハットの記号を付けなければならない）
② ×（大数の法則とよぶ）
③ ×（信頼区間は広くなる）
④ ○
⑤ ○
⑥ ×（狭いほど価値がある）
⑦ ○
⑧ ○
⑨ ×（第2種の誤りとよぶ）
⑩ ×（「有意である」と「対立仮説 H_1 が成り立っている」が同じ意味である）

演習問題6 の解答

① ×（他の要因が交絡している可能性がある）
② ×（ランダムな順序で行うとは，実験順序をくじなどにより決めることである）
③ ○
④ ○
⑤ ○
⑥ ×（$\phi_T = 5 \times 4 - 1 = 19$，$\phi_A = 4$ なので，$\phi_E = \phi_T - \phi_A = 15$）
⑦ ×（$S_T = S_A + S_E$ が成り立つ）
⑧ ×（F 分布表を用いる）
⑨ ○
⑩ ○

参 考 文 献

(1) 永田靖:『入門統計解析法』, 日科技連出版社, 1992 年.
(2) 永田靖:『統計的方法のしくみ』, 日科技連出版社, 1996 年.
(3) 永田靖:『入門実験計画法』, 日科技連出版社, 2000 年.
(4) 永田靖:『SQC 教育改革』, 日科技連出版社, 2002 年.
(5) 永田靖:『品質管理のための統計手法』, 日本経済新聞社, 2006 年.
(6) 西内啓:『統計学が最強の学問である』, ダイヤモンド社, 2013 年.

付　表

1. 付表1　正規分布表（Ⅰ）
2. 付表2　正規分布表（Ⅱ）
3. 付表3　t 表
4. 付表4　χ^2 表
5. 付表5　F 表

出典）　上記（付表2以外）は，森口繁一編『新編　日科技連数値表（第2版）』（日科技連出版社）から一部記号を変更（付表1において $u \to z$）して引用．

付表1 正規分布表(I)

$$k \longrightarrow P = \Pr\{z \geq k\} = \frac{1}{\sqrt{2\pi}} \int_k^\infty e^{-\frac{z^2}{2}} dz$$

（kからPを求める表）

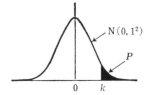

k	*=0	1	2	3	4	5	6	7	8	9
0·0*	**·5000**	·4960	·4920	·4880	·4840	**·4801**	·4761	·4721	·4681	·4641
0·1*	**·4602**	·4562	·4522	·4483	·4443	**·4404**	·4364	·4325	·4286	·4247
0·2*	**·4207**	·4168	·4129	·4090	·4052	**·4013**	·3974	·3936	·3897	·3859
0·3*	**·3821**	·3783	·3745	·3707	·3669	**·3632**	·3594	·3557	·3520	·3483
0·4*	**·3446**	·3409	·3372	·3336	·3300	**·3264**	·3228	·3192	·3156	·3121
0·5*	**·3085**	·3050	·3015	·2981	·2946	**·2912**	·2877	·2843	·2810	·2776
0·6*	**·2743**	·2709	·2676	·2643	·2611	**·2578**	·2546	·2514	·2483	·2451
0·7*	**·2420**	·2389	·2358	·2327	·2296	**·2266**	·2236	·2206	·2177	·2148
0·8*	**·2119**	·2090	·2061	·2033	·2005	**·1977**	·1949	·1922	·1894	·1867
0·9*	**·1841**	·1814	·1788	·1762	·1736	**·1711**	·1685	·1660	·1635	·1611
1·0*	**·1587**	·1562	·1539	·1515	·1492	**·1469**	·1446	·1423	·1401	·1379
1·1*	**·1357**	·1335	·1314	·1292	·1271	**·1251**	·1230	·1210	·1190	·1170
1·2*	**·1151**	·1131	·1112	·1093	·1075	**·1056**	·1038	·1020	·1003	·0985
1·3*	**·0968**	·0951	·0934	·0918	·0901	**·0885**	·0869	·0853	·0838	·0823
1·4*	**·0808**	·0793	·0778	·0764	·0749	**·0735**	·0721	·0708	·0694	·0681
1·5*	**·0668**	·0655	·0643	·0630	·0618	**·0606**	·0594	·0582	·0571	·0559
1·6*	**·0548**	·0537	·0526	·0516	·0505	**·0495**	·0485	·0475	·0465	·0455
1·7*	**·0446**	·0436	·0427	·0418	·0409	**·0401**	·0392	·0384	·0375	·0367
1·8*	**·0359**	·0351	·0344	·0336	·0329	**·0322**	·0314	·0307	·0301	·0294
1·9*	**·0287**	·0281	·0274	·0268	·0262	**·0256**	·0250	·0244	·0239	·0233
2·0*	**·0228**	·0222	·0217	·0212	·0207	**·0202**	·0197	·0192	·0188	·0183
2·1*	**·0179**	·0174	·0170	·0166	·0162	**·0158**	·0154	·0150	·0146	·0143
2·2*	**·0139**	·0136	·0132	·0129	·0125	**·0122**	·0119	·0116	·0113	·0110
2·3*	**·0107**	·0104	·0102	·0099	·0096	**·0094**	·0091	·0089	·0087	·0084
2·4*	**·0082**	·0080	·0078	·0075	·0073	**·0071**	·0069	·0068	·0066	·0064
2·5*	**·0062**	·0060	·0059	·0057	·0055	**·0054**	·0052	·0051	·0049	·0048
2·6*	**·0047**	·0045	·0044	·0043	·0041	**·0040**	·0039	·0038	·0037	·0036
2·7*	**·0035**	·0034	·0033	·0032	·0031	**·0030**	·0029	·0028	·0027	·0026
2·8*	**·0026**	·0025	·0024	·0023	·0023	**·0022**	·0021	·0021	·0020	·0019
2·9*	**·0019**	·0018	·0018	·0017	·0016	**·0016**	·0015	·0015	·0014	·0014
3·0*	**·0013**	·0013	·0013	·0012	·0012	**·0011**	·0011	·0011	**·0010**	·0010

k	
3·5	·2326E−3
4·0	·3167E−4
4·5	·3398E−5
5·0	·2867E−6
5·5	·1899E−7
6·0	·9866E−9

例：$.2326E-3 = 0.2326 \times 10^{-3}$

付表2 正規分布表（Ⅱ）

（Pからkを求める表）

P	·001	·005	·010	·025	·05	·10	·20	·30	·40
k	3·090	2·576	2·326	1·960	1·645	1·282	·842	·524	·253

付表3　t表

$t(\phi, P)$

$\begin{pmatrix} \text{自由度} \phi \text{と両側確率} P \\ \text{とから} t \text{を求める表} \end{pmatrix}$

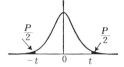

P \ ϕ	0.50	0.40	0.30	0.20	0.10	**0.05**	0.02	**0.01**	0.001	P \ ϕ
1	1.000	1.376	1.963	3.078	6.314	12.706	31.821	63.657	636.619	1
2	0.816	1.061	1.386	1.886	2.920	4.303	6.965	9.925	31.599	2
3	0.765	0.978	1.250	1.638	2.353	3.182	4.541	5.841	12.924	3
4	0.741	0.941	1.190	1.533	2.132	2.776	3.747	4.604	8.610	4
5	0.727	0.920	1.156	1.476	2.015	2.571	3.365	4.032	6.869	5
6	0.718	0.906	1.134	1.440	1.943	2.447	3.143	3.707	5.959	6
7	0.711	0.896	1.119	1.415	1.895	2.365	2.998	3.499	5.408	7
8	0.706	0.889	1.108	1.397	1.860	2.306	2.896	3.355	5.041	8
9	0.703	0.883	1.100	1.383	1.833	2.262	2.821	3.250	4.781	9
10	0.700	0.879	1.093	1.372	1.812	2.228	2.764	3.169	4.587	10
11	0.697	0.876	1.088	1.363	1.796	2.201	2.718	3.106	4.437	11
12	0.695	0.873	1.083	1.356	1.782	2.179	2.681	3.055	4.318	12
13	0.694	0.870	1.079	1.350	1.771	2.160	2.650	3.012	4.221	13
14	0.692	0.868	1.076	1.345	1.761	2.145	2.624	2.977	4.140	14
15	0.691	0.866	1.074	1.341	1.753	2.131	2.602	2.947	4.073	15
16	0.690	0.865	1.071	1.337	1.746	2.120	2.583	2.921	4.015	16
17	0.689	0.863	1.069	1.333	1.740	2.110	2.567	2.898	3.965	17
18	0.688	0.862	1.067	1.330	1.734	2.101	2.552	2.878	3.922	18
19	0.688	0.861	1.066	1.328	1.729	2.093	2.539	2.861	3.883	19
20	0.687	0.860	1.064	1.325	1.725	2.086	2.528	2.845	3.850	20
21	0.686	0.859	1.063	1.323	1.721	2.080	2.518	2.831	3.819	21
22	0.686	0.858	1.061	1.321	1.717	2.074	2.508	2.819	3.792	22
23	0.685	0.858	1.060	1.319	1.714	2.069	2.500	2.807	3.768	23
24	0.685	0.857	1.059	1.318	1.711	2.064	2.492	2.797	3.745	24
25	0.684	0.856	1.058	1.316	1.708	2.060	2.485	2.787	3.725	25
26	0.684	0.856	1.058	1.315	1.706	2.056	2.479	2.779	3.707	26
27	0.684	0.855	1.057	1.314	1.703	2.052	2.473	2.771	3.690	27
28	0.683	0.855	1.056	1.313	1.701	2.048	2.467	2.763	3.674	28
29	0.683	0.854	1.055	1.311	1.699	2.045	2.462	2.756	3.659	29
30	0.683	0.854	1.055	1.310	1.697	2.042	2.457	2.750	3.646	30
40	0.681	0.851	1.050	1.303	1.684	2.021	2.423	2.704	3.551	40
60	0.679	0.848	1.045	1.296	1.671	2.000	2.390	2.660	3.460	60
120	0.677	0.845	1.041	1.289	1.658	1.980	2.358	2.617	3.373	120
∞	0.674	0.842	1.036	1.282	1.645	1.960	2.326	2.576	3.291	∞

付表 101

付表4　χ²表

$\chi^2(\phi, P)$

$\begin{pmatrix} \text{自由度}\phi\text{と上側確率}P \\ \text{とから}\chi^2\text{を求める表} \end{pmatrix}$

P φ	·995	·99	·975	·95	·90	·75	·50	·25	·10	·05	·025	·01	·005	P φ
1	0.0⁴393	0.0³157	0.0³982	0.0²393	0.0158	0.102	0.455	1.323	2.71	3.84	5.02	6.63	7.88	1
2	0.0100	0.0201	0.0506	0.103	0.211	0.575	1.386	2.77	4.61	5.99	7.38	9.21	10.60	2
3	0.0717	0.115	0.216	0.352	0.584	1.213	2.37	4.11	6.25	7.81	9.35	11.34	12.84	3
4	0.207	0.297	0.484	0.711	1.064	1.923	3.36	5.39	7.78	9.49	11.14	13.28	14.86	4
5	0.412	0.554	0.831	1.145	1.610	2.67	4.35	6.63	9.24	11.07	12.83	15.09	16.75	5
6	0.676	0.872	1.237	1.635	2.20	3.45	5.35	7.84	10.64	12.59	14.45	16.81	18.55	6
7	0.989	1.239	1.690	2.17	2.83	4.25	6.35	9.04	12.02	14.07	16.01	18.48	20.3	7
8	1.344	1.646	2.18	2.73	3.49	5.07	7.34	10.22	13.36	15.51	17.53	20.1	22.0	8
9	1.735	2.09	2.70	3.33	4.17	5.90	8.34	11.39	14.68	16.92	19.02	21.7	23.6	9
10	2.16	2.56	3.25	3.94	4.87	6.74	9.34	12.55	15.99	18.31	20.5	23.2	25.2	10
11	2.60	3.05	3.82	4.57	5.58	7.58	10.34	13.70	17.28	19.68	21.9	24.7	26.8	11
12	3.07	3.57	4.40	5.23	6.30	8.44	11.34	14.85	18.55	21.0	23.3	26.2	28.3	12
13	3.57	4.11	5.01	5.89	7.04	9.30	12.34	15.98	19.81	22.4	24.7	27.7	29.8	13
14	4.07	4.66	5.63	6.57	7.79	10.17	13.34	17.12	21.1	23.7	26.1	29.1	31.3	14
15	4.60	5.23	6.26	7.26	8.55	11.04	14.34	18.25	22.3	25.0	27.5	30.6	32.8	15
16	5.14	5.81	6.91	7.96	9.31	11.91	15.34	19.37	23.5	26.3	28.8	32.0	34.3	16
17	5.70	6.41	7.56	8.67	10.09	12.79	16.34	20.5	24.8	27.6	30.2	33.4	35.7	17
18	6.26	7.01	8.23	9.39	10.86	13.68	17.34	21.6	26.0	28.9	31.5	34.8	37.2	18
19	6.84	7.63	8.91	10.12	11.65	14.56	18.34	22.7	27.2	30.1	32.9	36.2	38.6	19
20	7.43	8.26	9.59	10.85	12.44	15.45	19.34	23.8	28.4	31.4	34.2	37.6	40.0	20
21	8.03	8.90	10.28	11.59	13.24	16.34	20.3	24.9	29.6	32.7	35.5	38.9	41.4	21
22	8.64	9.54	10.98	12.34	14.04	17.24	21.3	26.0	30.8	33.9	36.8	40.3	42.8	22
23	9.26	10.20	11.69	13.09	14.85	18.14	22.3	27.1	32.0	35.2	38.1	41.6	44.2	23
24	9.89	10.86	12.40	13.85	15.66	19.04	23.3	28.2	33.2	36.4	39.4	43.0	45.6	24
25	10.52	11.52	13.12	14.61	16.47	19.94	24.3	29.3	34.4	37.7	40.6	44.3	46.9	25
26	11.16	12.20	13.84	15.38	17.29	20.8	25.3	30.4	35.6	38.9	41.9	45.6	48.3	26
27	11.81	12.88	14.57	16.15	18.11	21.7	26.3	31.5	36.7	40.1	43.2	47.0	49.6	27
28	12.46	13.56	15.31	16.93	18.94	22.7	27.3	32.6	37.9	41.3	44.5	48.3	51.0	28
29	13.12	14.26	16.05	17.71	19.77	23.6	28.3	33.7	39.1	42.6	45.7	49.6	52.3	29
30	13.79	14.95	16.79	18.49	20.6	24.5	29.3	34.8	40.3	43.8	47.0	50.9	53.7	30
40	20.7	22.2	24.4	26.5	29.1	33.7	39.3	45.6	51.8	55.8	59.3	63.7	66.8	40
50	28.0	29.7	32.4	34.8	37.7	42.9	49.3	56.3	63.2	67.5	71.4	76.2	79.5	50
60	35.5	37.5	40.5	43.2	40.5	52.3	59.3	67.0	74.4	79.1	83.3	88.4	92.0	60
70	43.3	45.4	48.8	51.7	55.3	61.7	69.3	77.6	85.5	90.5	95.0	100.4	104.2	70
80	51.2	53.5	57.2	60.4	64.3	71.1	79.3	88.1	96.6	101.9	106.6	112.3	116.3	80
90	59.2	61.8	65.6	69.1	73.3	80.6	89.3	98.6	107.6	113.1	118.1	124.1	128.3	90
100	67.3	70.1	74.2	77.9	82.4	90.1	99.3	109.1	118.5	124.3	129.6	135.8	140.2	100
y_P	−2.58	−2.33	−1.96	−1.64	−1.28	−0.674	0.000	0.674	1.282	1.645	1.960	2.33	2.58	y_P

[注]　$\phi > 100$のときは$\chi^2(\phi, P) = \dfrac{1}{2}(y_P + \sqrt{2\phi-1})^2$と求める.

付表 5　F 表 (5%, 1%)

$$F(\phi_1, \phi_2 ; P) \quad P = \begin{cases} 0.05 \cdots \text{細字} \\ 0.01 \cdots \text{太字} \end{cases}$$

(分子の自由度 ϕ_1, 分母の自由度 ϕ_2 から, 上側確率 5% および 1% に対する F の値を求める表 (細字は 5%, 太字は 1%)

ϕ_2\\ϕ_1	1	2	3	4	5	6	7	8	9	10	12	15	20	24	30	40	60	120	∞
1	161. **4052.**	200. **5000.**	216. **5403.**	225. **5625.**	230. **5764.**	234. **5859.**	237. **5928.**	239. **5981.**	241. **6022.**	242. **6056.**	244. **6106.**	246. **6157.**	248. **6209.**	249. **6235.**	250. **6261.**	251. **6287.**	252. **6313.**	253. **6339.**	254. **6366.**
2	18.5 **98.5**	19.0 **99.0**	19.2 **99.2**	19.2 **99.2**	19.3 **99.3**	19.3 **99.3**	19.4 **99.4**	19.4 **99.4**	19.4 **99.4**	19.4 **99.4**	19.4 **99.4**	19.4 **99.4**	19.4 **99.4**	19.5 **99.5**	19.5 **99.5**	19.5 **99.5**	19.5 **99.5**	19.5 **99.5**	19.5 **99.5**
3	10.1 **34.1**	9.55 **30.8**	9.28 **29.5**	9.12 **28.7**	9.01 **28.2**	8.94 **27.9**	8.89 **27.7**	8.85 **27.5**	8.81 **27.3**	8.79 **27.2**	8.74 **27.1**	8.70 **26.9**	8.66 **26.7**	8.64 **26.6**	8.62 **26.5**	8.59 **26.4**	8.57 **26.3**	8.55 **26.2**	8.53 **26.1**
4	7.71 **21.2**	6.94 **18.0**	6.59 **16.7**	6.39 **16.0**	6.26 **15.5**	6.16 **15.2**	6.09 **15.0**	6.04 **14.8**	6.00 **14.7**	5.96 **14.5**	5.91 **14.4**	5.86 **14.2**	5.80 **14.0**	5.77 **13.9**	5.75 **13.8**	5.72 **13.7**	5.69 **13.7**	5.66 **13.6**	5.63 **13.5**
5	6.61 **16.3**	5.79 **13.3**	5.41 **12.1**	5.19 **11.4**	5.05 **11.0**	4.95 **10.7**	4.88 **10.5**	4.82 **10.3**	4.77 **10.2**	4.74 **10.1**	4.68 **9.89**	4.62 **9.72**	4.56 **9.55**	4.53 **9.47**	4.50 **9.38**	4.46 **9.29**	4.43 **9.20**	4.40 **9.11**	4.36 **9.02**
6	5.99 **13.7**	5.14 **10.9**	4.76 **9.78**	4.53 **9.15**	4.39 **8.75**	4.28 **8.47**	4.21 **8.26**	4.15 **8.10**	4.10 **7.98**	4.06 **7.87**	4.00 **7.72**	3.94 **7.56**	3.87 **7.40**	3.84 **7.31**	3.81 **7.23**	3.77 **7.14**	3.74 **7.06**	3.70 **6.97**	3.67 **6.88**
7	5.59 **12.2**	4.74 **9.55**	4.35 **8.45**	4.12 **7.85**	3.97 **7.46**	3.87 **7.19**	3.79 **6.99**	3.73 **6.84**	3.68 **6.72**	3.64 **6.62**	3.57 **6.47**	3.51 **6.31**	3.44 **6.16**	3.41 **6.07**	3.38 **5.99**	3.34 **5.91**	3.30 **5.82**	3.27 **5.74**	3.23 **5.65**
8	5.32 **11.3**	4.46 **8.65**	4.07 **7.59**	3.84 **7.01**	3.69 **6.63**	3.58 **6.37**	3.50 **6.18**	3.44 **6.03**	3.39 **5.91**	3.35 **5.81**	3.28 **5.67**	3.22 **5.52**	3.15 **5.36**	3.12 **5.28**	3.08 **5.20**	3.04 **5.12**	3.01 **5.03**	2.97 **4.95**	2.93 **4.86**
9	5.12 **10.6**	4.26 **8.02**	3.86 **6.99**	3.63 **6.42**	3.48 **6.06**	3.37 **5.80**	3.29 **5.61**	3.23 **5.47**	3.18 **5.35**	3.14 **5.26**	3.07 **5.11**	3.01 **4.96**	2.94 **4.81**	2.90 **4.73**	2.86 **4.65**	2.83 **4.57**	2.79 **4.48**	2.75 **4.40**	2.71 **4.31**
10	4.96 **10.0**	4.10 **7.56**	3.71 **6.55**	3.48 **5.99**	3.33 **5.64**	3.22 **5.39**	3.14 **5.20**	3.07 **5.06**	3.02 **4.94**	2.98 **4.85**	2.91 **4.71**	2.85 **4.56**	2.77 **4.41**	2.74 **4.33**	2.70 **4.25**	2.66 **4.17**	2.62 **4.08**	2.58 **4.00**	2.54 **3.91**
11	4.84 **9.65**	3.98 **7.21**	3.59 **6.22**	3.36 **5.67**	3.20 **5.32**	3.09 **5.07**	3.01 **4.89**	2.95 **4.74**	2.90 **4.63**	2.85 **4.54**	2.79 **4.40**	2.72 **4.25**	2.65 **4.10**	2.61 **4.02**	2.57 **3.94**	2.53 **3.86**	2.49 **3.78**	2.45 **3.69**	2.40 **3.60**
12	4.75 **9.33**	3.89 **6.93**	3.49 **5.95**	3.26 **5.41**	3.11 **5.06**	3.00 **4.82**	2.91 **4.64**	2.85 **4.50**	2.80 **4.39**	2.75 **4.30**	2.69 **4.16**	2.62 **4.01**	2.54 **3.86**	2.51 **3.78**	2.47 **3.70**	2.43 **3.62**	2.38 **3.54**	2.34 **3.45**	2.30 **3.36**
13	4.67 **9.07**	3.81 **6.70**	3.41 **5.74**	3.18 **5.21**	3.03 **4.86**	2.92 **4.62**	2.83 **4.44**	2.77 **4.30**	2.71 **4.19**	2.67 **4.10**	2.60 **3.96**	2.53 **3.82**	2.46 **3.66**	2.42 **3.59**	2.38 **3.51**	2.34 **3.43**	2.30 **3.34**	2.25 **3.25**	2.21 **3.17**
14	4.60 **8.86**	3.74 **6.51**	3.34 **5.56**	3.11 **5.04**	2.96 **4.69**	2.85 **4.46**	2.76 **4.28**	2.70 **4.14**	2.65 **4.03**	2.60 **3.94**	2.53 **3.80**	2.46 **3.66**	2.39 **3.51**	2.35 **3.43**	2.31 **3.35**	2.27 **3.27**	2.22 **3.18**	2.18 **3.09**	2.13 **3.00**
15	4.54 **8.68**	3.68 **6.36**	3.29 **5.42**	3.06 **4.89**	2.90 **4.56**	2.79 **4.32**	2.71 **4.14**	2.64 **4.00**	2.59 **3.89**	2.54 **3.80**	2.48 **3.67**	2.40 **3.52**	2.33 **3.37**	2.29 **3.29**	2.25 **3.21**	2.20 **3.13**	2.16 **3.05**	2.11 **2.96**	2.07 **2.87**

付表 103

ϕ_2\ϕ_1	1	2	3	4	5	6	7	8	9	10	12	15	20	24	30	40	60	120	∞	ϕ_2
16	4.49 8.53	3.63 6.23	3.24 5.29	3.01 4.77	2.85 4.44	2.74 4.20	2.66 4.03	2.59 3.89	2.54 3.78	2.49 3.69	2.42 3.55	2.35 3.41	2.28 3.26	2.24 3.18	2.19 3.10	2.15 3.02	2.11 2.93	2.06 2.84	2.01 2.75	16
17	4.45 8.40	3.59 6.11	3.20 5.18	2.96 4.67	2.81 4.34	2.70 4.10	2.61 3.93	2.55 3.79	2.49 3.68	2.45 3.59	2.38 3.46	2.31 3.31	2.23 3.16	2.19 3.08	2.15 3.00	2.10 2.92	2.06 2.83	2.01 2.75	1.96 2.65	17
18	4.41 8.29	3.55 6.01	3.16 5.09	2.93 4.58	2.77 4.25	2.66 4.01	2.58 3.84	2.51 3.71	2.46 3.60	2.41 3.51	2.34 3.37	2.27 3.23	2.19 3.08	2.15 3.00	2.11 2.92	2.06 2.84	2.02 2.75	1.97 2.66	1.92 2.57	18
19	4.38 8.18	3.52 5.93	3.13 5.01	2.90 4.50	2.74 4.17	2.63 3.94	2.54 3.77	2.48 3.63	2.42 3.52	2.38 3.43	2.31 3.30	2.23 3.15	2.16 3.00	2.11 2.92	2.07 2.84	2.03 2.76	1.98 2.67	1.93 2.58	1.88 2.49	19
20	4.35 8.10	3.49 5.85	3.10 4.94	2.87 4.43	2.71 4.10	2.60 3.87	2.51 3.70	2.45 3.56	2.39 3.46	2.35 3.37	2.28 3.23	2.20 3.09	2.12 2.94	2.08 2.86	2.04 2.78	1.99 2.69	1.95 2.61	1.90 2.52	1.84 2.42	20
21	4.32 8.02	3.47 5.78	3.07 4.87	2.84 4.37	2.68 4.04	2.57 3.81	2.49 3.64	2.42 3.51	2.37 3.40	2.32 3.31	2.25 3.17	2.18 3.03	2.10 2.88	2.05 2.80	2.01 2.72	1.96 2.64	1.92 2.55	1.87 2.46	1.81 2.36	21
22	4.30 7.95	3.44 5.72	3.05 4.82	2.82 4.31	2.66 3.99	2.55 3.76	2.46 3.59	2.40 3.45	2.34 3.35	2.30 3.26	2.23 3.12	2.15 2.98	2.07 2.83	2.03 2.75	1.98 2.67	1.94 2.58	1.89 2.50	1.84 2.40	1.78 2.31	22
23	4.28 7.88	3.42 5.66	3.03 4.76	2.80 4.26	2.64 3.94	2.53 3.71	2.44 3.54	2.37 3.41	2.32 3.30	2.27 3.21	2.20 3.07	2.13 2.93	2.05 2.78	2.01 2.70	1.96 2.62	1.91 2.54	1.86 2.45	1.81 2.35	1.76 2.26	23
24	4.26 7.82	3.40 5.61	3.01 4.72	2.78 4.22	2.62 3.90	2.51 3.67	2.42 3.50	2.36 3.36	2.30 3.26	2.25 3.17	2.18 3.03	2.11 2.89	2.03 2.74	1.98 2.66	1.94 2.58	1.89 2.49	1.84 2.40	1.79 2.31	1.73 2.21	24
25	4.24 7.77	3.39 5.57	2.99 4.68	2.76 4.18	2.60 3.85	2.49 3.63	2.40 3.46	2.34 3.32	2.28 3.22	2.24 3.13	2.16 2.99	2.09 2.85	2.01 2.70	1.96 2.62	1.92 2.54	1.87 2.45	1.82 2.36	1.77 2.27	1.71 2.17	25
26	4.23 7.72	3.37 5.53	2.98 4.64	2.74 4.14	2.59 3.82	2.47 3.59	2.39 3.42	2.32 3.29	2.27 3.18	2.22 3.09	2.15 2.96	2.07 2.81	1.99 2.66	1.95 2.58	1.90 2.50	1.85 2.42	1.80 2.33	1.75 2.23	1.69 2.13	26
27	4.21 7.68	3.35 5.49	2.96 4.60	2.73 4.11	2.57 3.78	2.46 3.56	2.37 3.39	2.31 3.26	2.25 3.15	2.20 3.06	2.13 2.93	2.06 2.78	1.97 2.63	1.93 2.55	1.88 2.47	1.84 2.38	1.79 2.29	1.73 2.20	1.67 2.10	27
28	4.20 7.64	3.34 5.45	2.95 4.57	2.71 4.07	2.56 3.75	2.45 3.53	2.36 3.36	2.29 3.23	2.24 3.12	2.19 3.03	2.12 2.90	2.04 2.75	1.96 2.60	1.91 2.52	1.87 2.44	1.82 2.35	1.77 2.26	1.71 2.17	1.65 2.06	28
29	4.18 7.60	3.33 5.42	2.93 4.54	2.70 4.04	2.55 3.73	2.43 3.50	2.35 3.33	2.28 3.20	2.22 3.09	2.18 3.00	2.10 2.87	2.03 2.73	1.94 2.57	1.90 2.49	1.85 2.41	1.81 2.33	1.75 2.23	1.70 2.14	1.64 2.03	29
30	4.17 7.56	3.32 5.39	2.92 4.51	2.69 4.02	2.53 3.70	2.42 3.47	2.33 3.30	2.27 3.17	2.21 3.07	2.16 2.98	2.09 2.84	2.01 2.70	1.93 2.55	1.89 2.47	1.84 2.39	1.79 2.30	1.74 2.21	1.68 2.11	1.62 2.01	30
40	4.08 7.31	3.23 5.18	2.84 4.31	2.61 3.83	2.45 3.51	2.34 3.29	2.25 3.12	2.18 2.99	2.12 2.89	2.08 2.80	2.00 2.66	1.92 2.52	1.84 2.37	1.79 2.29	1.74 2.20	1.69 2.11	1.64 2.02	1.58 1.92	1.51 1.80	40
60	4.00 7.08	3.15 4.98	2.76 4.13	2.53 3.65	2.37 3.34	2.25 3.12	2.17 2.95	2.10 2.82	2.04 2.72	1.99 2.63	1.92 2.50	1.84 2.35	1.75 2.20	1.70 2.12	1.65 2.03	1.59 1.94	1.53 1.84	1.47 1.73	1.39 1.60	60
120	3.92 6.85	3.07 4.79	2.68 3.95	2.45 3.48	2.29 3.17	2.18 2.96	2.09 2.79	2.02 2.66	1.96 2.56	1.91 2.47	1.83 2.34	1.75 2.19	1.66 2.03	1.61 1.95	1.55 1.86	1.50 1.76	1.43 1.66	1.35 1.53	1.25 1.38	120
∞	3.84 6.63	3.00 4.61	2.60 3.78	2.37 3.32	2.21 3.02	2.10 2.80	2.01 2.64	1.94 2.51	1.88 2.41	1.83 2.32	1.75 2.18	1.67 2.04	1.57 1.88	1.52 1.79	1.46 1.70	1.39 1.59	1.32 1.47	1.22 1.32	1.00 1.00	∞
ϕ_1\ϕ_2	1	2	3	4	5	6	7	8	9	10	12	15	20	24	30	40	60	120	∞	

索　引

【英数字】

2乗和	9
3シグマルール	32, 55
A 間変動	86
F 表	89
F 分布	89
R 管理図	51
t 表	72
t 分布	62, 72
$\bar{X}-R$ 管理図	50
──用係数表	51
$\bar{X}$ 管理図	50
χ^2 表	73
χ^2 分布	64, 73

【あ行】

安定状態	52
異常	2, 52
──値	5, 15, 20, 33
一元配置実験	82
一元配置法	82
因子	82
応急処置	7

【か行】

カイ2乗分布	64
回帰直線	24
解析用管理図	55
確率	31
──分布	31
下降傾向	52
傾き	24
偏りを考慮した工程能力指数	41
下部管理限界線	51
管理状態	52
管理図	47
管理線	50
管理用管理図	55
規格値	1
棄却域	66, 70
基本統計量	8
帰無仮説	66, 70
共分散	19
極度な異常値	7
極度な外れ値	7
寄与率	25
区間推定	60
群	50
群内	52
群分け	55
計数値データ	1
計量値データ	1
検出力	68
検定	64, 87
──統計量	65, 70
──における2種類の誤り	67
交互作用	88
工程能力指数	41
交絡	79
誤差自由度	86
誤差平方和	86

【さ行】

再発防止	8
散布図	13
サンプルサイズ	14
実験の計画	82
四分位差	5
自由度	10, 62, 85
上昇傾向	52
上部管理限界線	51
信頼下限	62
信頼区間	62
信頼上限	62
信頼率	62
推測	33
正規分布	31
──表	44
正の相関	20
積和	19
切片	24
全変動	86
千三つの法則	32
相関係数	13, 18, 31
層別	16, 21, 34, 77
──因子	77

【た行】

第1四分位数	5
第1種の誤り	68
第2四分位数	5
第2種の誤り	68
第3四分位数	5
対立仮説	66, 70
多元配置実験	82
多元配置法	82
中央値	5
中心線	50

直交表	88
点推定	60
──量	60
統計的仮説検定	64
統計量	8, 60
特性	82
独立	40
トレンド	52

【な　行】

二元配置実験	82
二元配置法	82

【は　行】

箱ひげ図	4
外れ値	5
ハット	60
パラメータ	59
範囲	8
ハンティング現象	56
ヒストグラム	2, 29
標準化	37
標準正規分布	32
標準偏差	8, 33
標本標準偏差	33
標本分散	33, 60
標本平均	33, 60
負の相関	20
不良	2
──率	31
分割法	88
分散	8, 33
──の加法性	40
──分析表	87
平均	8, 33
──平方	87
平方和	8
偏差	9
──積和	19
──平方和	9, 18
母集団	29
──分布	29
母数	59
母標準偏差	32
母不良率	31
母分散	32, 59
母平均	31, 59

【ま　行】

未然防止	7
無相関	20
メディアン	5

【や　行】

有意	65
──差	65, 87
──水準	66, 70
予測値	25

【ら　行】

ランダムに決めた順序	81

著者略歴

永田　靖（ながた　やすし）

1957年　生まれ
1985年　大阪大学大学院基礎工学研究科博士後期課程修了
現　在　早稲田大学創造理工学部経営システム工学科教授
　　　　工学博士
専　攻　統計学
著　書
『入門統計解析法』(日科技連出版社，1992年)
『統計的方法のしくみ』(日科技連出版社，1996年)
『統計的多重比較法の基礎』(共著，サイエンティスト社，1997年)
『グラフィカルモデリングの実際』(共著，日科技連出版社，1999年)
『入門実験計画法』(日科技連出版社，2000年)
『多変量解析法入門』(共著，サイエンス社，2001年)
『SQC教育改革』(日科技連出版社，2002年)
『サンプルサイズの決め方』(朝倉書店，2003年)
『統計学のための数学入門30講』(朝倉書店，2005年)
『おはなし統計的方法』(編著，日本規格協会，2005年)
『品質管理のための統計手法』(日本経済新聞社，2006年)
『統計的品質管理』(朝倉書店，2009年)
『データ解析に役立つExcel関数』(共著，日科技連出版社，2009年)
『開発・設計における"Qの確保"』(共著，日本規格協会，2010年)
『工程能力指数』(共著，日本規格協会，2011年)
『アンスコム的な数値例で学ぶ統計的方法23講』(共著，日科技連出版社，2013年)
『開発・設計に必要な統計的品質管理』(共著，日本規格協会，2015年)
他多数

統計的方法の考え方を学ぶ
―統計的センスを磨く3つの視点―

2016年 8月19日　第1刷発行
2022年 8月 4日　第3刷発行

著　者　永　田　　　靖

発行人　戸　羽　節　文

発行所　株式会社 日科技連出版社
〒151-0051　東京都渋谷区千駄ヶ谷5-15-5
　　　　　　DSビル
電　話　出版　03-5379-1244
　　　　営業　03-5379-1238

検印省略

印刷・製本　河北印刷株式会社

Printed in Japan

© Yasushi Nagata 2016　　URL http://www.juse-p.co.jp/
ISBN 978-4-8171-9595-1

本書の全部または一部を無断でコピー，スキャン，デジタル化などの複製をすることは著作権法上での例外を除き禁じられています．本書を代行業者等の第三者に依頼してスキャンやデジタル化することは，たとえ個人や家庭内での利用でも著作権法違反です．